イラストでわかる
ネットワークのしくみ

かんたん

ネットワーク(入門)

オールカラー図解

改訂3版

三輪賢一／著

技術評論社

●本文中に記載されている製品や企業の名称は、一般に各社の商標または登録商標です。

●本書を用いた運用は、必ずお客様自身の責任と判断によって行ってください。これらの情報の運用の結果について、技術評論社および著者はいかなる責任も負いません。

●本書記載の情報は、2016年7月現在のものです。ご利用時には、変更されている場合もあります。製品やサービスは改良、バージョンアップされる場合があり、本書での説明とは機能や画面図などが異なってしまうこともありえます。

はじめに

　「かんたんネットワーク入門 改訂3版」では、インターネットで使われるコンピュータネットワーク技術をイラストを交えて分かりやすく紹介します。
　ネットワークを利用した通信方式、家庭や会社で利用されるネットワーク、インターネットを安全に使うための知識について触れます。

　「改訂新版 かんたんネットワーク入門」を執筆してから6年経った現在、スマートフォンは当時のパソコンよりも高性能となり、高速な携帯電話網や公衆無線LAN網がさらに広がり、モバイルルーターやテザリングを使用して外出先でもパソコンやモバイルデバイスによるブロードバンド接続が可能となりました。
　モバイル化とクラウド化により、いつでも、どこでも、インターネットにアクセスしてさまざまなサービスをどんなデバイスからでも相互に利用できるようになっています。

　そのため、今回の改訂では無線LAN接続の比重を高め、クラウドや仮想化についても追記を行いました。
　この本ではネットワーク技術の基本的な項目について簡単に紹介しているため、説明が足りない部分も多いです。より深く知りたい項目や用語があれば、インターネットの検索サイトや、拙著「プロのための[図解]ネットワーク機器入門」(技術評論社)などで調べてみてください。
　最後に、「かんたんネットワーク入門 改訂3版」のイラストを担当していただいた小川智矢さん、大石誠さん、執筆にあたり多大なサポートをいただきました技術評論社の神山さんに、この場を借りて感謝申し上げます。

2016年7月　三輪賢一

かんたんネットワーク入門
CONTENTS

はじめに………………………………… 3

Chapter ① ネットワークって何だろう？ ……6

通信手段にはどんなものがある？…………… 8
モールス信号………………………………… 10
電話の発明…………………………………… 12
そもそも「ネットワーク」とは？……………… 14
近くのコンピュータからつなげよう………… 16
インターネットはネットワーク？…………… 18
ネットワークにはルールが必要……………… 20

Chapter ② 基本になるネットワーク LAN ……22

LANを構成するもの ………………………… 24
コンピュータの中身………………………… 26
コンピュータをつなぐハードウェア………… 28
ケーブルのいらない無線LAN……………… 32
LANにパソコンをつなごう………………… 34
LANのいろいろなつなぎ方………………… 36
LANの規模………………………………… 38
サーバが提供するLANのサービス………… 42
ファイル共有のしくみ……………………… 44
プリンター共有のしくみ…………………… 46
イントラネット……………………………… 48
データセンターと仮想化…………………… 50
LANの管理………………………………… 52

Chapter ③ ネットワークのルール プロトコル ……54

デジタルデータのしくみ…………………… 56
7階建てのルール　OSI参照モデル………… 58
ネットワークを流れるデータ……………… 62
イーサネットのしくみ……………………… 64
無線LANのしくみ………………………… 66
インターネットの階層　TCP/IP…………… 68
世界唯一の番号　MACアドレス…………… 70
ネットワークの住所　IPアドレス…………… 72
新しいIPアドレス　IPv6…………………… 74
アプリケーションの識別　ポート番号……… 76
ネットワークの経路　ルーティング………… 78

Chapter ④ 世界中に広がるネットワークへ ……80

- インターネットの歴史と発展 …………………… 82
- インターネットの仲介者　プロバイダ ………… 84
- LANからインターネットへの接続 ……………… 86
- アドレス変換のしくみ …………………………… 88
- インターネット上の住所　ドメイン …………… 90
- ネットワークの門　ゲートウェイ ……………… 92
- ブロードバンド接続のしくみ …………………… 94
- 光ファイバーで接続　FTTH …………………… 98
- LAN同士の接続のしくみ ……………………… 100
- モバイルアクセスとリモートアクセス ……… 104
- 通信量のコントロール　帯域管理 …………… 108
- ネットワークの迂回経路　冗長構成 ………… 110
- クラウドサービス ……………………………… 112

Chapter ⑤ インターネットでできること ……114

- インターネットサービスのしくみ …………… 116
- インターネットのプロトコル ………………… 118
- 電子メール送受信のしくみ …………………… 120
- Webページ閲覧のしくみ ……………………… 124
- スクリプト言語を使ったWebページ ………… 128
- 動的なWebページ ……………………………… 130
- 動画とストリーミング ………………………… 134
- ファイル転送のしくみ ………………………… 138
- インターネットで通話するIP電話 …………… 140
- その他のインターネットサービス …………… 142
- 家電とインターネット ………………………… 144

Chapter ⑥ ネットワークを安全に利用するために ……146

- インターネットの問題点 ……………………… 148
- インターネットの脅威 ………………………… 150
- ネットワーク攻撃の手口 ……………………… 152
- コンピュータウイルス ………………………… 154
- セキュリティ対策 ……………………………… 156
- 侵入防止の壁　ファイアウォール …………… 158
- 暗号のしくみ …………………………………… 160
- 認証のしくみ …………………………………… 164
- 無線LANのセキュリティ ……………………… 166

Index …………………………………………………… 168

[Chapter] 1 ネットワークって何だろう？

かんたんネットワーク入門では、コンピュータを利用した通信ネットワークを紹介します。
LAN、インターネット、TCP/IPなど実際のコンピュータ通信を学ぶ前に、この章ではネットワークとは何か、またネットワーク上で行われる通信とはどういうものかを見てみましょう。

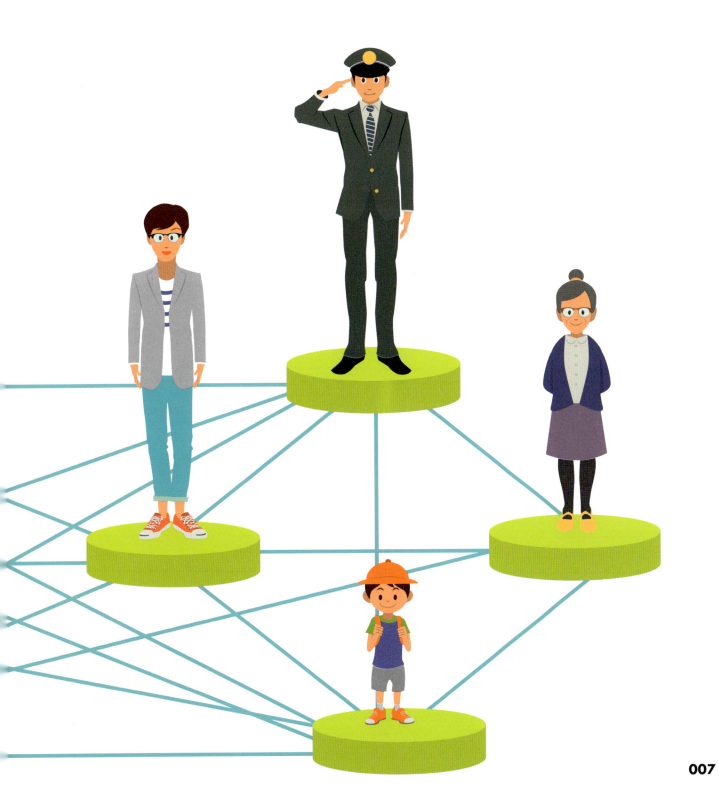

Chapter 1 ネットワークって何だろう？

通信手段にはどんなものがある？

かんたんネットワーク入門ではネットワークを介したコンピュータ通信を扱います。
最初に、「通信」とはどういうものかを紹介します。
技術の進歩によってどのように通信手段が変化してきたかを見てみましょう。

● いろいろな通信

「通信」を含む言葉はたくさんあります。通信衛星、通信教育、通信社、通信販売、通信簿など。いずれも離れている場所にいる人同士が意思を伝えあうことを意味します。みなさんが友達に何かを伝えたいとき、どのような手段を使うか考えてみてください。

○ 言葉を出す

動物は鳴き声、人間は言葉を使うことで相手と意思を伝えあうことができます。何も道具を使わない場合、言葉による意思疎通は比較的近くにいる相手に限られます。言葉を出すこと自体は通信とは言いがたいかもしれませんが、相手に自分が思っていることを伝える基本の手段です。

○ ボディランゲージ（身振り言語）

身振りで動作を示せば言葉の通じない外国人ともコミュニケーションを取ることができます。またサーカスや水族館のショーなどで、動物とも意思疎通を図ることができます。言葉を発することのできない赤ちゃんとのコミュニケーションや手話を使った聴覚障害者とのやりとりも行うことができます。

○ 遠吠え

動物の世界では自分が発する声を最大限発揮することで、数百メートル先の相手に自分の存在を伝えることができます。人間の場合でも緊急に助けを求めるときは、大声で叫ぶことで周りの人に助けを得られます。

○ 松明（たいまつ）、烽火（のろし）

人間は動物の中では唯一火を使うことができます。現在も自動車には発煙筒が取り付けられていて、事故発生などを知らせるのに役立っています。

○ 手旗信号

相手が離れた場所にいても、目で見える範囲であれば、赤と白の旗を組み合わせて上下、斜めに動かすことで、通信することができます。

○ 伝書鳩
紀元前からエジプトで使用された記録が残っており、19世紀から1960年代ごろまで軍事用や報道用に伝書鳩が使われていました。

○ 飛脚（ひきゃく）、早馬
　文明が発達して手紙という考えが生まれました。古代ローマでは駅制（えきせい）と呼ばれる、駅で馬を代えながら手紙を運ぶしくみがありました。日本では鎌倉時代に馬を使った飛脚が存在していたそうです。飛脚が走ったり馬に乗ったりして手紙やモノを届けます。郵便、宅配便やバイク便の元祖です。

○ 郵便
　18世紀には切手を用いた近代郵便が確立しました。日本でも、明治初期に郵便制度ができあがりました。郵便を利用することにより、ある程度決まった時間で信頼性のある文書のやりとりが可能になりました。

○ 電報（電信）
　これまでは言葉や文書でコミュニケーションをとりましたが、電報が発明されてから電気通信技術を使った情報伝達が可能になりました。1837年、モールスにより電信機が発明されました。電信機を使うことによってかなり離れた地点間の通信が短時間で行えるようになりました。

○ 電話
　1876年、グラハム・ベルにより電話が発明されました。電信ではモールス信号を打つなど専門的な技術が必要でしたが、電話を利用することで誰でも自分の声を遠くにいる相手の耳に届けることができます。

○ 無線電信
　1895年にイタリアのマルコーニにより無線電信が発明されました。それまでの電信は各拠点間でケーブルが敷設され、その間でのやりとりに限られていました。無線通信は電波を用いるため、ケーブルを利用するわずらわしさがなくなりました。電波は、周波数によっては遠距離の通信も可能で、国際海路でも利用されています。

○ ポケットベル（ポケベル）
　英語ではページャーといいます。ポケベルは1968年にサービスが開始されました。ポケベルには電話番号が割り当てられていて、発信者はその番号とともにプッシュボタンで文字を表現して、短い文章を相手に送ることができます。

○ 携帯電話、PHS
　携帯電話は日本では1996年頃から普及し出しました。1999年にはインターネット対応の携帯電話が発売されました。電話としての機能だけでなく、メールを送ったりカメラで写真を撮ったり、ナビゲーションを搭載するなど情報端末としても利用されています。

モールス信号

人類が初めて電気信号を使って通信を行ったときに用いられたのがモールス信号です。
そのしくみはコンピュータ通信のしくみにも形を変えて残っています。
モールス信号はコンピュータ通信の起源とも言えます。

モールス信号とは？

電報を送るときに使われる信号です。短点と長点の2種類の符号を用いて文字を表現します。アルファベット、数字の他に日本語のカタカナやフランス語やドイツ語など、他国言語の文字に対応する信号もあります。このような信号を使った通信を「電信」と呼びます。

19世紀に発明された

1844年にサミュエル・モールスによって発明されました。モールス信号が発明され、これまでのように人や動物を使って手紙をやりとりしなくても、遠くにいる相手との意思疎通を図ることができるようになりました。また、このしくみは後に電話や無線通信システムとして応用されていきます。

信号を送るしくみ

モールス信号では、常に電流が流れている回路の一部にスイッチが置かれています。通常、スイッチは回路から離れていてオフの状態です。

スイッチを押すと電流が流れ、オンの状態になります。スイッチを短く押すと短点、長く押すと長点を表現できます。短点と長点を組み合わせると、文字を表現することができます。文字と文字の間はスイッチをオフの状態にして一拍置きます。

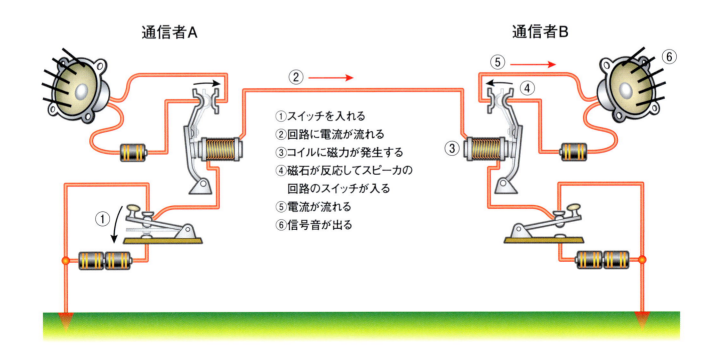

通信者A　　　　　　通信者B

①スイッチを入れる
②回路に電流が流れる
③コイルに磁力が発生する
④磁石が反応してスピーカの回路のスイッチが入る
⑤電流が流れる
⑥信号音が出る

モールス信号表

モールス信号は、短点(トン(・))と長点(ツー(－))という2つの符号を用いて英数字を表現します。

A	・－	N	－・	1	・－－－－	-	－・・・・－
B	－・・・	O	－－－	2	・・－－－	*	・・－・・－
C	－・－・	P	・－－・	3	・・・－－	/	－・・－・
D	－・・	Q	－－・－	4	・・・・－	?	・・－－・・
E	・	R	・－・	5	・・・・・	:	－－－・・・
F	・・－・	S	・・・	6	－・・・・	;	－・－・－・
G	－－・	T	－	7	－－・・・	"	・－・・－・
H	・・・・	U	・・－	8	－－－・・	(	－・－－・
I	・・	V	・・・－	9	－－－－・	)	－・－－・－
J	・－－－	W	・－－	0	－－－－－	訂正	・・・・・・・
K	－・－	X	－・・－	.	・－・－・－		
L	・－・・	Y	－・－－	,	－－・・－－		
M	－－	Z	－－・・	+	・－・－・		

"NETWORK"をモールス信号で表すと……
－・ ・ － ・－－ －－－ ・－・ －・－
N E T W O R K

最も有名なモールス信号
・・・ －－－ ・・・
S O S

モールスの工夫

モールスは使用頻度の高い文字を短く、頻度の低い文字を長い信号で表すよう工夫しました。

モールス信号のように、情報を2つの符号だけで表現する方法を2進法と呼びます。2進法は、コンピュータの世界で0(電気のない状態)と1(電気のある状態)だけを用いて情報を表現することにも使われています。2進法について詳しくは56ページを参照してください。

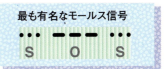

Chapter 1 ネットワークって何だろう？

電話の発明

モールス信号を用いる電信システムは文字を信号で表して通信を行いました。やがて電話の発明により、遠くにいる相手に音声をそのまま伝えることができるようになりました。
電話網は日本全国に敷設されましたが、コンピュータ通信とも深い関わりがあります。

19世紀に発明

1876年にグラハム・ベルにより電話機が発明されました。モールス信号のような電線を使って符号を送る技術を応用して、音声を電気的信号に置き換えて通信を行います。

電話の特許 (Column)

1876年2月14日、グラハム・ベルが電話の特許を申請しました。そのわずか数時間後、エリシャ・グレイというアメリカの発明家が同じく電話の特許を申請しましたが、先にベルの申請があったため却下されてしまいました。

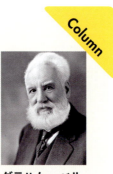

グラハム・ベル

最初の電話のしくみ

ベルによって発明された電話は糸電話の応用と考えることができます。糸電話は紙コップを振動させることで音の振動を作り、たこ糸がその振動を伝え、相手側の紙コップが振動を音に変えます。

ベルの電話では紙コップの代わりに振動板を使います。振動板に取り付けられたコイルが電気の波を作ることで、電線を媒介して音を伝えることができます。

日本の電話網の普及

明治22年（1889年）に公衆市外通話が実施され、昭和9年には最初の国際通話が行われました。昭和44年にプッシュホン、昭和48年にFAXサービスが開始され、昭和54年には自動交換機を使っての全国自動ダイアル即時化がすべ

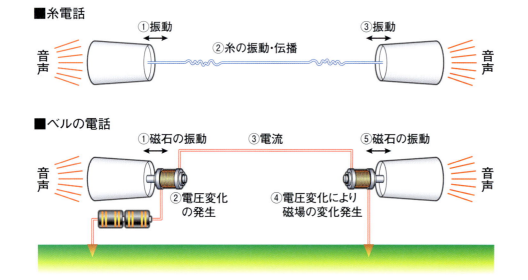

ての地域で行えるようになりました。

　昭和初期まで電話はぜいたく品でした。第二次大戦時には電話加入率は1％程度しかありませんでした。その後急速に電話が普及し、1980年代中頃にほぼ100％の世帯電話普及率となりました。

電話網は誰が管理しているの？

　日本では昭和27年に日本電信電話公社（電電公社）が発足するまで、電気通信省により電話サービスが行われていました。昭和28年には国際通信サービスを提供する国際電信電話株式会社（KDD）が設立され、通信事業は電電公社とKDDによる独占体制となりました。その後昭和60年には、通信の自由化に伴い電電公社がNTT（日本電信電話株式会社）へ民営化され、第二電電（旧DDI、現KDDI）や日本テレコム（現ソフトバンク）など多くの電話会社や携帯電話会社が設立されました。

回転ダイアル式と押しボタンダイアル式

　現在はほとんどの電話がプッシュボタンとも呼ばれる押しボタンダイアル式の電話を利用しています。これは1966年に登場し、ピ・ポ・パという音（トーン信号、プッシュ信号、DTMFと呼ばれる）を音声信号として扱うことで、電話だけでなくチケット予約やクレジットカード情報提供などさまざまなサービスが利用できるようになりました。

　それまでの電話は回転ダイアル式です。1から9までと0からなる10個の指を入れる穴の開いた円形ダイアルを回転させることでパルス（断続電流）を作り、数字を認識させていました。

コンピュータ通信と電話網

　コンピュータ通信ではモデムを使うことでプッシュボタンの音やパルスを擬似的に作り出し、自動的に電話をかけることができます。電話が通話状態になると、デジタル信号を電話音声と同じようなアナログ波形に変えて送信します。受信側でその波形を元のデジタル信号に戻すことで、電話網を使ったデータ通信が可能になります。このようなデータ通信をダイアルアップと呼びます。

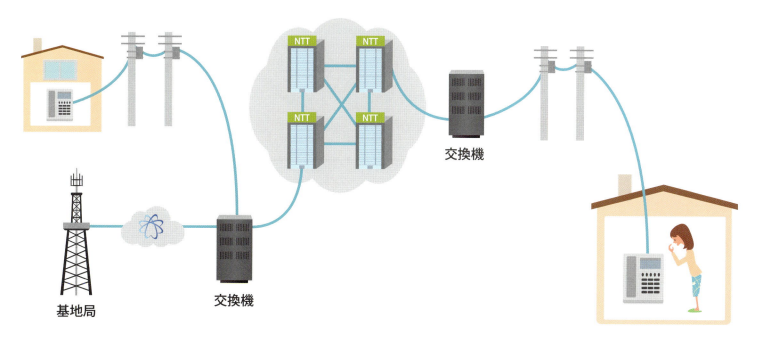

Chapter 1　ネットワークって何だろう？

そもそも「ネットワーク」とは？

コンピュータ通信以外にも、いろいろなネットワークがあります。
コンピュータ通信は、その中でも電話網を利用することで始まりました。
私たちは、コンピュータネットワークを利用してどのようなことが行えるのでしょう？

● そもそもネットワークとは？

　ネットワーク(network)は英語で網状のもの、という意味です。コンピュータネットワーク以外にもネットワークは身近にたくさんあり、「網」という言葉で表現されることが多いです。航空網、電車網、道路網など交通に関わるネットワークは、私たちをさまざまな目的地まで移動させてくれます。水道網やテレビ放送網などは、不特定多数の人にまんべんなく水や放送電波を送り届けてくれます。地理的に離れた場所に人やモノ、情報を運ぶためにネットワークが利用されていると言えます。

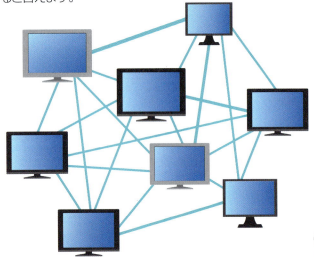

● ネットワークにつなげる装置

　コンピュータネットワークは、当初研究者たちの情報のやりとりに特化していました。初期のネットワークでは電話網を利用し、コンピュータのデジタルデータを電話のアナログデータに変換するため、受話器スピーカとマイクを用いる音響カプラを介して電話網と接続しました。
　その後モデムと呼ばれる電話網との接続のための専用装置が開発されました。現在はADSLモデムやONU(光回線終端装置)、有線ルーター、モバイルルーター、スマートフォンのテザリング機能などを用いて電話回線、光ファイバー回線、携帯電話網などに接続し、インターネットを利用することができます。

● ネットワークでできること

○ ファイルの共有
　文書、データベース、音楽データや動画ファイルなどさまざまな種類のファイルを、友達や会社の同僚、取引先などと共有することができます。

○ プリンターの共有
　複数台のパソコンで1台のプリンターが共有できるようになります。ネットワークを構築しないと1台のパソコンに1台のプリンターが必要になってしまいます。

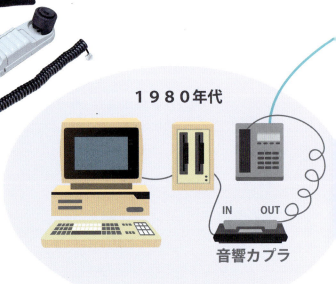

■音響カプラ

1980年代

音響カプラ

○ 情報発信

インターネットのホームページを作成して、たくさんの人に自分の情報を見てもらうことができます。ホームページのことをWeb（ウェブ）サイトと呼びます。日々の出来事を記録するブログ（Blog）や参加者同士でコミュニケーションをとるソーシャルネットワーキングサービス（SNS）、写真や動画の投稿サイトなどを利用することでも情報発信が可能です。

○ メール

特定の人に文章やファイルを送ることができます。手紙と違って切手代がかかりませんし、瞬時に相手が受け取れます。また、メーリングリストを利用するとグループのメンバー全員にメールを送ることができます。

○ チャット、メッセンジャー

Webサイトや専用ソフトを用いてリアルタイムに文章のやりとりができます。多数の人と同時に行うこともできます。LINE（ライン）やSkype（スカイプ）のような音声によるインターネット通話のできるサービスもあります。

○ 掲示板

話題ごとに分かれているWebサイト上の掲示板に文章を書き込んで、他の利用者と情報交換を行います。チャットに似ていますが、掲示板の情報が長時間掲示されつづけるのに対してチャットの発言は保存されず過去の履歴が見られない場合が多いです。

○ ショッピング

ショッピングのできるWebサイトへ行き、画像や説明を見て気に入った商品を購入することができます。金銭決済は銀行振込やクレジットカードで行われることが多いです。商品は郵送や宅配便によって購入者まで届けられます。

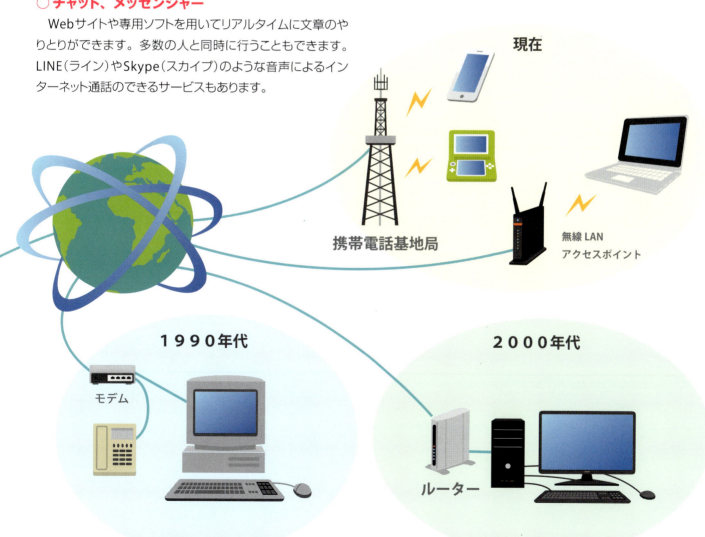

Chapter 1　ネットワークって何だろう?

近くのコンピュータからつなげよう

1つ1つのコンピュータをつなげることから、ネットワークが始まります。このようにしてつながったネットワークは、家庭や会社といった狭い範囲から、県や国を越えた広い範囲にまで広がります。規模に応じて、LANやWANといった呼び方があり、利用される技術も異なります。

● 狭い範囲のネットワーク「LAN」

LAN（ラン）とはLocal Area Networkの略でローカルエリアネットワーク、つまり狭い範囲のネットワークという意味です。「構内通信網」とも訳されます。会社や学校など1つの建物や組織内で構築されるネットワークです。

LANは24ページに示すように基礎となるネットワークです。このネットワーク上でTCP/IPというしくみが動作し、LANの利用者（ユーザー）がメールやファイル共有、グループウェアなどのネットワークアプリケーションを利用します。

● LANの要素

LANは狭い範囲でコンピュータ同士の通信を行えるようにするネットワークです。LANはスイッチングハブと呼ばれる装置をケーブルでつなぎ合わせるか、無線（Wi-Fi）通信によって構築されます。LAN同士を接続する場合はルーターという装置を利用します。

またLANをインターネットに接続したい場合はゲートウェイと呼ばれる機器を用います。通常、ルーターがゲートウェイとなります。

● 家庭内LAN

家庭内でLANを構築すると複数あるパソコン間でデータをやりとりしたり、1台のプリンターを共有したり、1つのインターネット契約回線を共有できます。

特にインターネット接続は契約回線ごとに月額使用料がかかるため、共有するメリットは大きいです。

● 会社のLAN

社内LANを構築している会社ではLANに社員のパソコンやサーバー、プリンターなどが接続されています。

会社の規模によってLANはさまざまな形をとります。詳しくは38ページを参照してください。

LANの移り変わり

LANはもともと数百メートル程度の規模のものでした。それだけの範囲内であれば1つの建物に収まるためです。しかし最近では仮想プライベート網（107ページ参照）やインターネットを用いて、本社と支店を結ぶ広範囲なLANも多数構築されています。

LANで転送できる情報量も10メガビット毎秒から100メガ、1ギガ、10ギガとどんどん増えてきています。

パソコンの普及や進化に伴い、ネットワークでやりとりしたいデータの量が増えたため、LANの性能も上がってきています。

WAN

WAN（ワン）とは、Wide Area Networkの略で、広域ネットワークのことです。

LANが狭い範囲のネットワークであるのに対し、WANは広い範囲のネットワークを指します。県をまたがる広域網や国を越えた国際網がWANです。

プロバイダーやキャリアと呼ばれる通信事業者がWAN回線を提供します。

通信事業者

WANは通信事業者によって提供され、会社や学校などの組織による拠点間接続や、他の組織との間を結ぶために利用されます。

WANで利用される回線の種類はいくつかあります。家庭でも利用されるADSL、ケーブルテレビ、光加入者回線（FTTH）もWAN回線の1つです。また企業では広域イーサネットサービスや光加入者回線を使ったVPN接続などが利用されます。スマートフォンやタブレットから携帯電話通信網経由でインターネットアクセスする場合も、携帯電話事業者や通信事業者との契約が必要になります。

WAN回線の利用には、電話料金のように通信事業者に回線使用料を払う必要があります。

> **Column**
>
> ### LANの歴史
>
> もともとコンピュータは計算機としての役割だけでした。必要なときに一人が1台を占有して使っていました。電卓と同じで誰かが使っていたら他の人は利用できません。
>
> その後、複数のオペレーター（操作する人）で1台のコンピュータを共有するシステムが開発されました。これだと空き時間を気にすることなく効率的な処理が可能になります。
>
> さらにコンピュータシステムが複雑になってくると、大勢のオペレーターが多数のコンピュータとやりとりする必要が出てきました。やりとりの中にはファイルを共有したり、他のオペレーターの端末に入って自分の端末のように利用したりすることが含まれます。
>
> コンピュータメーカーはネットワークシステムの規格を独自に作っていましたが、これだと他社製のコンピュータを接続したときに動作しない場合もあります。
>
> このような問題を回避するため、コンピュータネットワークに関する国際規格ができたのです。

Chapter 1 ネットワークって何だろう？

インターネットはネットワーク？

今や世界中に広がり、多くの人々が利用しているインターネットですが、
一体どのようなネットワークなのでしょうか？
インターネットは誰が管理しているのでしょうか？

● 世界中に広がるネットワーク

インターネットが普及し始めた1990年代中頃から、学校や会社などさまざまな組織がLAN（構内通信網）をインターネットに接続するようになりました。

インターネットへの接続を提供するプロバイダーの数も年々増加し、組織が簡単かつ高速にインターネットアクセスできる環境が整ってきました。

インターネットは世界中に広がるネットワークです。特に日本では高品質な回線が提供されており、固定回線の光ケーブルやADSL、ケーブルテレビ、無線回線のLTE（3.9G）やWiMAXなど、通信速度や利用価格の点で世界トップレベルの環境となっています。

● ネットワークとネットワークを接続

インターネットはARPANETと呼ばれるアメリカの軍事ネットワークが基礎になっています。その後USENETやCSNETなど初期のインターネットを構成するネットワークが形成されていきました。日本でも大学同士がネットワークを接続しあってJUNETというネットワークができ、さらに当時のインターネットバックボーン（基幹網）であるNSFNETと接続されました。

1つのネットワークがもう1つのネットワークと接続されると、お互いのユーザー同士で通信が可能になります。さらにもう1つのネットワークが接続されれば、3つのネットワークのユーザー同士で通信ができるようになります。このようにネットワークがどんどん接続しあってインターネットが形成されていきました。

● インターネットはどのくらいの大きさ？

現在、世界では200以上の国や地域で約30億人がインターネットを利用していると言われます。

日本では人口の8割以上がインターネットを利用しています。また、インターネットに接続できる携帯電話の契約数は2012年に普及率100％を超え、一人で複数契約して利用する人が多くいます。インターネットは、この20年で急速に成長し、社会の重要なインフラとして利用されています。

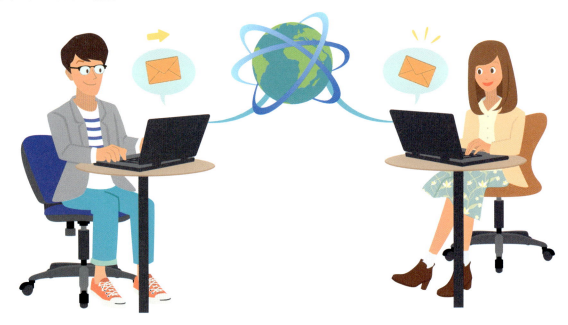

●「インターネット」言葉の定義

インターネットは英語で"Internet"となり、これは"internetwork"(インターネットワーク)が由来です。"inter-"(インター)というのは、「結びつき」や「相互接続する」という意味で、"internetwork"はネットワークの相互接続を意味する英語です。

1982年に、小文字の"i"で始まる"internet"が、「複数のネットワークがつながったもの」と定義され、「TCP/IPプロトコルでつながったinternet」が大文字の"I"で始まる"Internet"と定義されました。

「家からインターネットにアクセスできる」「インターネットでショッピングをする」というように、日常パソコンからつないでいるインターネットを特に"The Internet(ジ・インターネット)"と呼びます。これから本文で"インターネット"と言えば、それは"The Internet"のことを指します。

● インターネットは誰が管理しているの?

インターネットは誰が管理しているのでしょうか。ネットワーク内の機器が正しく動作しているかはネットワークごとの管理者が管理します。

IPアドレスやドメイン名などインターネットの世界で唯一の値を割り当てる作業はICANN(Internet Corporation for Assigned Names and Numbers)という組織が行っています。この組織は以前IANA(Internet Assigned Numbers Authority)と呼ばれていました。実作業は下位組織であるNIC(Network Information Center)によって行われます。

● JPNIC

JPNICはNICの日本組織です。NICは北米、中南米、アフリカを管轄するInterNIC、ヨーロッパを管轄するRIPE-NCC、アジア・太平洋地域を管轄するAPNICの3つの組織に分かれています。JPNICはAPNICの一部で、日本におけるIPアドレスの割り当てなどを行っています。

● IETF

IETFは、RFCというインターネットの技術標準を管理する機関です。TCP/IPで動作するネットワーク機器やパソコン、サーバーはRFCに準拠して設計されなければなりません。

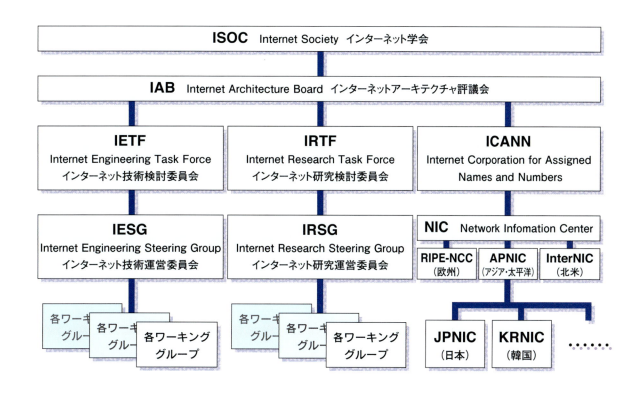

Chapter 1 ネットワークって何だろう？

ネットワークにはルールが必要

ネットワークには多数のコンピュータが接続されています。
それらのコンピュータが正しく通信を行うにはルールが必要です。
ネットワークの世界には数多くのルールがありますが、すべてプロトコルと呼ばれます。

なぜルールが必要？

クルマの運転をするのに、交通ルールがあります。クルマだけでなく、歩行者も自転車に乗るにも交通ルールを守らなければなりません。

交通ルールは道路交通法という法律にまとまっていて、自動車は左側車線を走らなければならないとか、車両進入禁止の標識は赤丸に白い横線、といったルールがいろいろ規定されています。これによって不特定多数の人が道路を利用しても、事故を起こさずに目的地までたどり着けるようになるわけです。

通信の世界でも不特定多数の人が共通の通路であるネットワークを利用するため、道路交通法のようにたくさんのルールが必要になるのです。

別々の言葉を話すコンピュータ

人間は国や地域によって話す言葉が異なります。日本語、英語、中国語、フランス語などさまざまな言語があり、さらにその中に方言があったりします。

コンピュータの世界でも言葉の違いがあり、これは作ったメーカーが違っていたり、異なる規格であったりするために発生します。

会話のルール「プロトコル」

人間の世界で会話を成立させるためには、いくつか知っておかなければならないことがあります。まず挨拶をして、自分が知りたい相手の情報について質問をしたり、相手からの

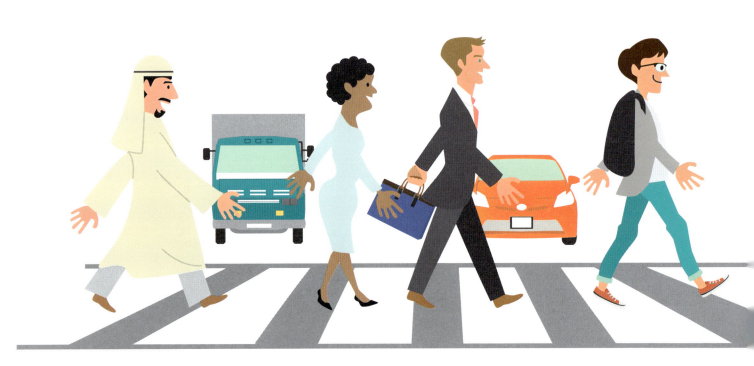

質問に回答して自分の情報を与えたり、よく聞こえなかったら聞き返したり、あいづちを打ったりし、最後にお別れの挨拶をするという感じです。

コンピュータ通信の世界でも同じことが行われます。銀行からお金を引き出す場合、窓口の担当者に通帳を出してお願いする場合と、ATM機器にキャッシュカードを入れてボタンを押していく場合があります。どちらの場合も何がしたいのか（たとえばお金の引き出し）、いくら引き出したいのか、印鑑や暗証番号は合っているか、という処理をルールにしたがって行う必要があります。

これらルールが正しく設定されていないとどのように通信処理を行えばよいか分からなくなってしまいます。

● プロトコルの標準化

インターネットが普及する前の汎用コンピュータの世界では、コンピュータメーカーごとに独自の通信プロトコルが使われていました。そのため異なるメーカーのコンピュータ同士では通信ができないということもありました。当時それぞれの独自プロトコルは一部の専門家や開発エンジニアだけが知っていればよいことでした。

しかしパソコンやモバイル端末などが普及し、個人レベルでインターネットに接続するようになると自分でメールやブラウザなどの設定をする必要が出てきます。たとえば、ケーブルの種類、モデムやルーターやWi-Fiの設定、ネットワーク用の周辺機器が自分の持っているパソコンに合うかどうか、OSの設定なども考えなければなりません。そうなると一般のユーザーもプロトコルを意識しなければならなくなります。

まだ自動車が普及してない頃は、運転するごく一部の人だけが何らかの交通ルールを守ればよかったものの、大人のほとんどが自動車を運転する社会では、どんな人でもルール（法律）を意識しなければならない、ということに似ています。

どのようにしてプロトコルができるの？ Column

通信プロトコルは、コンピュータメーカーや通信事業者といった企業や、研究者が個人的に作った通信方法がもとになっていることが多いです。

最初は規格になっていなくても、多くのメーカーが採用するとそのプロトコルは、デファクトスタンダードと呼ばれる業界標準になります。その後、国際標準化組織で標準化が行われると、正式に国際規格として認められるようになります。

たとえばイーサネットというLANの規格は当初Xerox社で開発され、その後Intel社、DEC社と共同でデファクトスタンダードに発展させ、最終的にIEEEという標準化団体によってIEEE802.3という世界標準のプロトコルになりました。

インターネットのプロトコルが国際標準として認められるには、RFCとして採用される必要があります。RFCに採用されるには、まず"Internet-Draft"（インターネット・ドラフト）という形で公表し、その後有用であると判断されてIETF内のグループに申請されなければなりません。この申請が承認されて初めて、RFCとなるのです。

コンピュータ通信を行うネットワークの中で一番身近なものがLANです。
LANは学校、企業、家庭など1つの組織内で完結する通信網です。
複数のネットワークがつながりあって巨大なネットワークとなりますが、
その1つ1つのネットワークがLANになります。

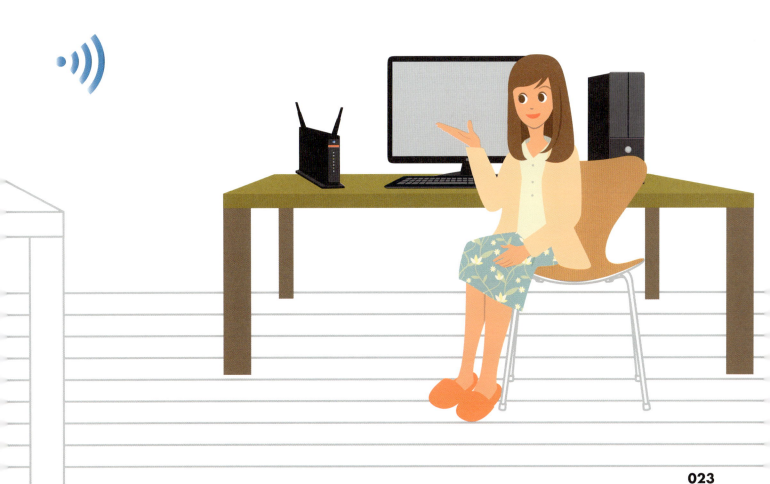

LANを構成するもの

LANは、見た目にはさまざまな機器をケーブルや無線で結んだ形をしています。
その内部をパケットやフレームと呼ばれる通信データが流れます。
LANがどのような要素によって構成されているのか確認しましょう。

ノードとリンク

ネットワークはノードをリンクでつなぐことで構成されます。

○ ノード

ノードとは「節」という意味で、コンピュータ通信の世界では通信を行う機器を指します。みなさんが利用するパソコン、スマートフォン、タブレットやサーバー、データの中継を行う装置であるルーターやスイッチなどがノードになります。特にパソコンやサーバーなどのコンピューターはホストとも呼ばれます。

○ リンク（伝送媒体）

ノードとノードをつなぐものをリンクと呼びます。リンクにはいろいろな種類のケーブルや無線が使われます。具体的なリンクの材質を伝送媒体と呼び、銅線、光ファイバー、無線電波などがあります。伝送媒体のことを「メディア」と呼ぶこともあります。

伝送媒体によって通信距離や速度が異なります。同じ媒体を使っていても、規格によって異なることもあります。

スイッチ（スイッチングハブ）

スイッチはノードの一種です。有線LANの場合、利用者のパソコンはスイッチに接続されます。スイッチにはたくさんの穴が開いていて、そこにパソコンなどが通信ケーブルを使って接続されます。この穴をインターフェイスやポートと呼びます。利用者が相手にデータを送ると、まずスイッチ

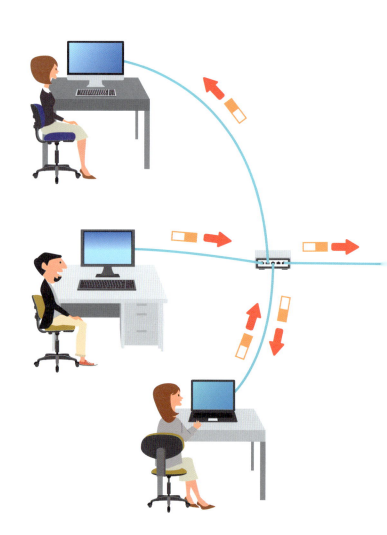

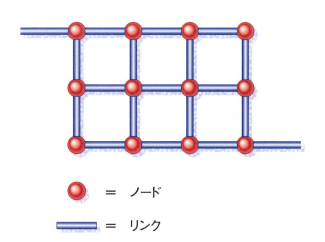

● ＝ ノード
▬ ＝ リンク

に届き、スイッチはデータの一部を見て、通信相手にデータを送るにはどの穴に接続されたケーブルへ渡してあげればよいかを自動的に判断します。

LANの通信データ

　LAN内部を流れる通信データをパケットやフレームと呼びます。パケットは小包という意味の英語です。62ページで触れますが、通信データは状態によっていくつかの呼び方があります。

　パケットにもフレームにも実際の通信データの他に、あて先情報などを含む制御データが付け加えられます。この制御データを含む部分はヘッダと呼ばれます。パケット内の「実際の通信データ」部分はペイロードと呼ばれます。

通信データの速度

　通信データはビットという単位で表されます（57ページ参照）。ネットワークの世界では、1秒間に何ビットのデータを送ることができるかを、「ビット毎秒」という単位で表現します。

　1ビット毎秒を1bps（ビー・ピー・エス、bit per second）と表記します。

　1000bpsを1k（キロ）bps、1000kbpsを1M（メガ）bps、1000Mbpsを1G（ギガ）bps、1000Gbpsを1T（テラ）bpsと表します。

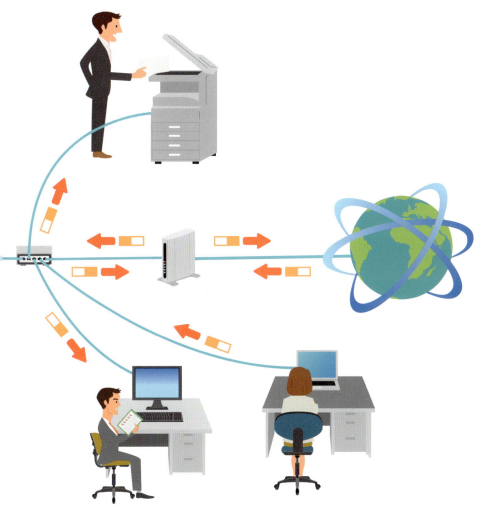

コンピュータの中身

LANではパソコンやサーバーなどが、送信者や受信者といった通信の主役となります。
これらのコンピュータはどのようなしくみで通信を行うのでしょうか？
また、どのような装置によって構成されているのでしょうか？

● CPU

CPU（Central Processing Unit）は中央処理装置とも呼ばれ、コンピュータのすべての部品の制御を行います。メモリに記憶された命令を読み出して解読し、その内容にしたがってデータの読み書きや周辺機器を使った入出力処理を行います。パソコンではインテル社やAMD社、AndroidデバイスではインテルAMD社やクアルコム社のCPUが有名です。iPhoneやiPadではApple社が開発したCPUが使用されています。

CPUは何メガヘルツ（MHz）とか何ギガヘルツ（GHz）という単位の周波数で性能が示され、その値が大きいほど高速な処理が行えます。また最近のCPUは実際に処理が行われる「コア」と呼ばれる中核回路を複数持つ「マルチコア」が主流です。コアを2つ持つCPUをデュアルコア、4つをクアッドコア、8つをオクタコア（オクタルコア）と呼びます。マルチコアではスレッドと呼ばれるソフトウェア処理命令を複数同時に実行できるマルチスレッドが可能となり、コア数が多いほど処理能力が向上します。CPUがコンピュータプログラムを実行しながら通信処理を行うことを「ソフトウェア処理」と呼びます。

● メモリとハードディスク

メモリはCPUが制御する命令や計算内容を、一時的に格納しておく領域です。メモリは主記憶装置や一時記憶装置とも呼ばれ、読み出しだけで書き込みができないROM（Read Only Memory：ロム）と、読み書き両方可能なRAM（Random Access Memory：ラム）の2種類があります。メモリは半導体素子を用い、電気を使って記録を行うので高速ですが、一度電源を切ると記憶内容が消えてしまう、高

■CPU
■HDD
■メモリ
■SSD

価である、という欠点があります。

ハードディスク(HDD)やSSD(Solid State Drive)は二次記憶装置として分類されます。メモリと同じ記憶装置ですが電源を切っても記憶内容は消えません。HDDは磁気、SSDは半導体素子を用いて記録を行います。SSDのほうが読み書きが高速で静音性が高いですが、HDDのほうが大容量で安価です。

メモリ、HDD、SDDのいずれも、何メガバイト(MB)や何ギガバイト(GB)という単位で記憶できる領域の大きさが表現され、値が大きいほど大量のデータを記憶できます。1GBは1024MBです。ハードディスクではテラバイト(TB：1TBは1024GB)のものもあります。

パソコンやサーバーには、メモリとハードディスクの両方が使われます。ルーターやスイッチでは、メモリだけが使われることがほとんどです。

RAM、ROM、フラッシュメモリ

RAMはメモリ内容を読み込むだけでなく、書き込みや消去もできます。OSやアプリケーションの内容を一時的に保管するのに利用されます。

ROMはメモリ内容の読み込みだけが可能で、その内容は工場出荷時に書き込まれます。電源を切ってもその内容は消えません。MACアドレスはROMに書き込まれています。

フラッシュメモリはROMに分類されますが、書き込みも可能です。SDメモリーカードやコンパクトフラッシュメモリーカードはフラッシュメモリを内蔵しています。電源を切ってもメモリの内容が残っているので、デジタルカメラやルーターの補助記憶装置として利用されることが多いです。なお、日本ではスマートフォンやタブレットの仕様として「ROM: 16GB」などと表現されることが多いですが、このROMはデバイスに内蔵されているフラッシュメモリのことを指します。モバイルデバイスではHDDやSSDの代わりに二次記憶装置として内蔵フラッシュメモリが使用されます。

マザーボードとチップセット

パソコンやサーバーでは、マザーボードと呼ばれる基板上にCPUやメモリ、拡張スロットなどが搭載されています。マザーボードには、各部品の間でデータを転送するためのバス(信号回路)が用意されています。

ルーターやスイッチなどの通信機器も同様に、機器内部にマザーボードがあり、CPUやメモリ、ネットワークインターフェイスの部品が取り付けられています。

ASICとFPGA

ルーターやスイッチ、携帯電話などの精密機器を製造する際、通常はICと呼ばれる半導体回路を組み合わせてデジタル回路を構築します。しかしICの数が多くなってしまって、設置面積や処理能力の面で問題になる場合もあります。

ASICは特定の用途向けに作られた専用のICです。これだと、1つの部品で想定するすべての処理ができる、などの利点があります。たとえば携帯電話には、カメラの制御専用のASICなどがあります。

FPGAはASICと同じ機能を実装できます。ASICは製品に搭載された後は機能を変更することができませんが、FPGAは出荷後に機能を追加、更新できるためASICより設計開発にかかる費用が低く抑えられ、柔軟に利用できます。

ルーターやスイッチには、ルーティング専用のもの、VPN処理専用のものなどさまざまな種類のASICが使われています。

ASICやFPGAによって通信処理を制御する方法を「ハードウェア処理」と呼びます。

■ASIC

■FPGA

コンピュータをつなぐハードウェア

コンピュータをネットワークにつなぐとき、さまざまな機器が利用されます。
また、利用される機器はネットワーク環境によって異なります。
ここではLANの接続に使う部品やケーブルを紹介します。

NIC

　ノード(パソコンやルーター、スイッチなどの装置)はリンク(ケーブルなど)によって接続されネットワークを構成します。ノード上のリンクのつなぎ口をインターフェイスまたはポートと呼びます。NIC(Network Interface Card)はこのようなインターフェイスを持つ部品(モジュール)で、ケーブルを挿す穴があります。パソコンなどの機器内部とデータをやりとりするときに必要となる、電気信号の処理を行います。

　無線LANの場合に利用されるクライアントモジュールや無線LANアダプタもNICの一種と言えます。こちらはケーブルが不要なので穴は開いていませんが、電波を出力する部品がついています。

■USB型のNIC
■USB型の無線LANアダプタ

■デスクトップパソコン用のNIC

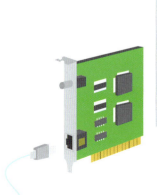
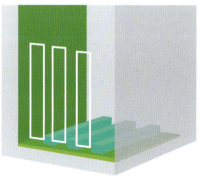

LANケーブル

LANケーブルにはツイストペアケーブルや、光で信号を伝える光ファイバーケーブルが使われます。通常「LANケーブル」と表現されるのはツイストペアケーブル（UTP）を指します。

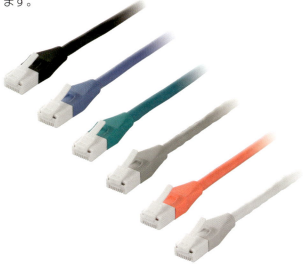

ハブ（Hub）

ハブは集線装置という意味の英語です。ハブには電気信号を調整するだけであて先チェックを行わないリピーターハブと、あて先チェックを行うスイッチングハブの2種類があります。

○ リピーターハブ（Repeater Hub）

リピーターハブは接続される全部のポートに受信したデータを送るため、関係のないポートにまで無駄な通信が発生してしまいます。4つから8つ程度のポートを持つ製品がありましたが、最近販売されている製品のほとんどはスイッチングハブです。リピーターハブは単にハブと略されることが多いです。

○ スイッチングハブ（Switching Hub）

スイッチングハブは、フレームのヘッダ情報を見ながらあて先が接続されたポートにのみデータを送るため、無駄な通信が発生しません。スイッチングハブはスイッチと略されることが多いです。小型のもので8ポートから48ポート、大型のものは数百ポートを持つ装置が使われます。

ルーター（Router）

ルーターは、「物を送る経路を決める発送人」という意味のある言葉で、ネットワークではデータの送信経路を決める装置を言います。

サーバーで利用されるUNIXやWindowsなどパソコンのオペレーティングシステム（OS）にはソフトウェアとしてルーター機能を提供するものもありますが、ほとんどの場合ルーターと言うと専用のハードウェア（装置）を指します。

ルーターにはたくさんの種類があります。

家庭で利用されるルーターは単行本程度の大きさのもので、無線LANアクセスポイント機能を持つものもあります。企業LANなどで利用されるものは、HDDレコーダーやサーバーコンピュータ程度の大きさです。

通信事業者で利用される大型のものは冷蔵庫程度の大きさのものもあり、大きくなるほど処理能力も高くなります。

ツイストペアケーブル

LANケーブルで利用されるツイストペアケーブルは8本の細い銅線で構成されます。ツイストペアケーブルは撚り対線（よりついせん）とも呼ばれます。「撚る」とは細い線をひねって絡み合わせるということです。8本ある銅線は2本ずつ撚られた4組の対線となっていて外部カバーに包まれます。

○ UTPとSTP

ツイストペアケーブルにはUTPとSTPの2種類があります。UTPはUnshielded Twist Pairの略でシールドなしのツイストペアという意味です。STPはShielded Twist Pairの略でシールドありのツイストペアです。シールドというのはアルミなど金属箔でケーブルを覆うことで、工場など電気ノイズの発生する場所では有効です。家庭やオフィスなど通常の利用ではUTPを利用します。後述するカテゴリ6aまでのケーブルではUTP、カテゴリ7はSTPが使用されます。

○ ストレートケーブルとクロスケーブル

ツイストペアケーブルにはまた、ストレートケーブルとクロスケーブルの2種類があります。8本ある細い銅線のうちデータを送るときに使う線の位置が異ります。接続するノードの種類によってストレートケーブルかクロスケーブルのどちらを使うか変わってくるので注意が必要です。

○ Auto-MDIX

有線LANの場合、パソコンやルーターのインターフェイスはMDIと呼ばれ、スイッチやハブのインターフェイスはMDI-Xと呼ばれます。MDIとMDI-Xを接続する場合はストレートケーブル、MDI同士またはMDI-X同士を接続する場合はクロスケーブルを使います。

Auto MDIX機能を持つパソコンや通信機器では、インターフェイス上でMDIとMDI-Xの違いを自動的に判別して接続信号を切り替えることができます。接続される2つの機器のうち片方または両方がこの機能を搭載していれば、ストレートケーブルでもクロスケーブルでもどちらを使っても接続させることが可能です。現在の機器はほとんどがAuto-MDIX対応であり、ケーブルの種類を気にする必要はありません。市販されているLANケーブルのほとんどはストレートケーブルです。

○ ツイストペアケーブルの品質

ツイストペアケーブルは品質の違いによってカテゴリが分かれます。カテゴリ3は10Mbps、カテゴリ5は100Mbps、カテゴリ5eとカテゴリ6は1Gbps、カテゴリ6aとカテゴリ7は10Gbpsと、数字が大きくなるほど品質が上がり1秒あたりに伝送できるデータ量も大きくなります。現在の機器はほとんどがAuto-MDIX対応であり、ケーブルの種類を気にする必要はありません。

	パソコン	ルーター	スイッチングハブ	リピーターハブ
パソコン	クロス	クロス	ストレート	ストレート
ルーター	クロス	クロス	ストレート	ストレート
スイッチングハブ	ストレート	ストレート	クロス	クロス
リピーターハブ	ストレート	ストレート	クロス	クロス

※赤枠の部分は、ルーターとリピーターハブを接続するときにストレートケーブルを使うことを示しています。

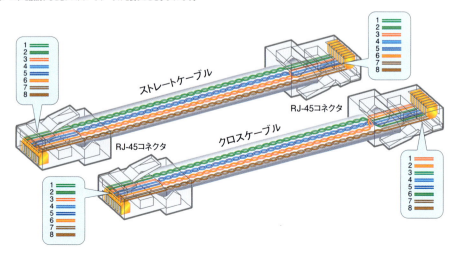

ツイストペアケーブルの距離

ツイストペアケーブルは最長100mという制限があります。通常の家庭内やオフィスフロアでは100mもあれば十分です。高層ビルや建物が複数ある拠点で、100mでは足りない場合は光ケーブルを利用します。

RJ-45

ツイストペアケーブルの両端にはRJ-45と呼ばれる型のコネクタがついています。パソコンやスイッチなどのインターフェイスの穴もRJ-45という型になっています。RJ-45は国際標準なので世界中で利用されています。

光ケーブル

ツイストペアケーブルでは距離が100mまでという制限があります。これ以上の距離を必要とする場合は光ファイバーを媒体とする光ケーブルを利用します。光ファイバーの材料は光の透過率が高い石英などが使われます。

光ファイバーの断面は屈折率の高いコアを屈折率の低いクラッドで包む構造になっています。

シングルモードとマルチモード

光ケーブルにはシングルモードとマルチモードの2種類があります。

シングルモードはモードと呼ばれる光線を1つだけ使って情報伝送を行います。高品質で長距離伝送向きです。

マルチモードは複数のモードを使います。シングルモードより伝送損失が大きいですが、安価な機器で利用できるためLAN内など近距離用に広く用いられます。

光ケーブルの距離

光ケーブルはノイズの影響を受けないため長距離通信に適しています。LAN規格では速度や方式によって最長ケーブル長が決められています。

- 100Mbpsはマルチモードで2km、シングルモードで30kmまで
- 1Gbpsはマルチモードで550m、シングルモードで10kmから100km程度まで
- 10Gbpsはマルチモードで300m、シングルモードで40kmまで

同軸ケーブル

以前はLANケーブルとして同軸ケーブルが使われていました。同軸ケーブルはテレビの屋内アンテナ線としても利用される黒くて太いケーブルです。

ケーブルの芯の銅線で電気を伝えます。銅線の外側にはシールドと呼ばれる白いポリエステルなどの絶縁体と網組の銅線で覆われます。

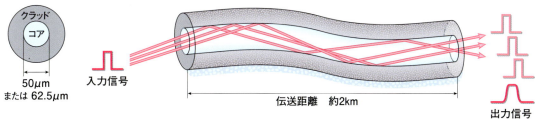

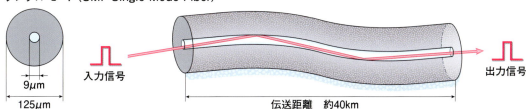

ケーブルのいらない無線LAN

無線LANを利用するとケーブルを敷設する必要がなく、自宅やオフィスの中でパソコンやモバイルデバイスを持ち運びながらネットワークアクセスすることができて大変便利です。
ここでは無線LANの概要を紹介します。

無線LANとは？

無線LANではケーブルを利用せず、情報を電波で伝えます。

無線LANに対してLANケーブルを利用するものを、有線LANと呼ぶこともあります。

無線はLAN以外にもテレビ、ラジオ、衛星通信、船舶無線や航空無線などさまざまな用途で利用されています。それぞれの用途で利用できる無線の周波数帯域が決められており、無線LANには主に2.4GHz（ギガヘルツ）と5GHzが割り当てられています。

無線LANの規格

無線LANの規格はIEEE802.11と呼ばれます。有線LAN（イーサネット）と同じIEEE（米国電気電子学会）という団体によっていくつかの規格が制定されています。

IEEE802.11

IEEE802.11は1997年に制定された、2.4GHzの無線周波数帯を使い最大2Mbpsで通信を行う第一世代の無線LAN規格です。その後、以下を含むさまざまな無線LAN関連規格が策定され、現在は802.11というとこれら無線LAN規格群（802.11シリーズと呼ばれる）のことを指します。

○ 802.11b

1998年に制定された第二世代の無線LAN規格で、2.4GHzの無線周波数帯を使い最大11Mbpsで通信を行う規格です。

○ 802.11a

1998年に制定された無線LAN規格で、5GHzの無線周波数帯を使い最大54Mbpsで通信を行います。

○ 802.11g

2003年に制定された無線LAN規格で、2.4GHzの無線周波数帯を使い最大54Mbpsで通信を行います。802.11bと相互利用可能です。

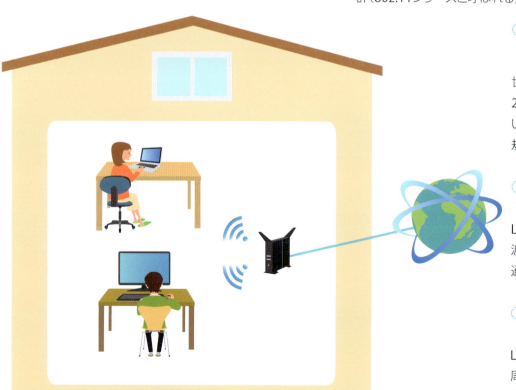

○ 802.11n

2009年制定された第四世代の無線LAN規格です。MIMOと呼ばれるマルチチャネル技術などを用いて高速化し、最大300Mbpsで通信を行います。802.11a、802.11b、802.11gとの相互接続も可能です。

○ 802.11ac

2014年1月に承認された第五世代の無線LAN規格で、5GHzの無線周波数帯を使ってMIMOによるマルチチャネル通信を行い、最大6.93Gbpsの通信を行う規格です。

○ 802.11i

2004年に制定された無線LANセキュリティに関する規格で、暗号化通信とユーザー認証について標準化されています。

無線LANに必要な機器

無線LANを利用するには、クライアントモジュールとアクセスポイントが必要です。それぞれ、802.11bから802.11acに対応したものがあるので、利用するときはどの規格が利用できるか注意が必要です。802.11n対応のアクセスポイントには802.11gのクライアントモジュールも利用できます。ほとんどの場合、新しい世代の規格に対応しているアクセスポイントは古い世代の規格にも対応しています。

○ クライアントモジュール

クライアントモジュールはパソコンに内蔵された無線データを送受信する部品です。無線LANが内蔵されていないパソコンには、無線LAN子機や無線LANアダプタと呼ばれるモジュールをUSB接続して利用します。

○ アクセスポイント

アクセスポイント（Access Point）はAPと略されることや、無線LANステーション、無線LAN親機と呼ばれることもあります。アクセスポイントはクライアントモジュールと有線LANとの中継を行う装置です。アクセスポイントとクライアントモジュールでは共通のESSID（SSIDと通常呼ばれることが多い）と呼ばれる識別子を登録しておき、関係のない機器間で無線のやりとりが行われないようにします。

■アクセスポイント機能を備えたブロードバンドルーター

公衆無線LAN

駅や空港、ホテル、喫茶店、ファーストフード店などで、パソコンや携帯情報端末などを使って、インターネット接続の行える場所を公衆無線LANと呼びます。docomo、au、ソフトバンクなどの携帯通信会社が提供する公衆無線LANでは契約したスマートフォンなどから利用できます。外出先でデータ通信カードなどを利用するよりも、高速にインターネットへアクセスすることができます。

Wi-Fi

Wi-Fiは「ワイファイ」と読み、無線LAN業界団体が付けた標準仕様の名称です。

業界の各社は自社の無線LAN製品が他社製品と相互に接続できるかどうかを保証する互換性テストを行なっています。互換性テストにパスすると「Wi-Fi対応製品」となり、他のWi-Fi対応製品とも正常に通信できることになります。

LANにパソコンをつなごう

通常、機器の設置、配線を行っただけではLANは機能しません。ネットワークの設定が必要になります。コンピュータの動作にはソフトウェアが必要であるのと同じことです。
ここではドライバやアドレス情報の設定など、主な設定について説明します。

● NICのドライバ

ほとんどのパソコンには無線LANクライアントモジュールやRJ-45インターフェイスのNICが標準で搭載されています。一部のパソコンでUSBに装着するRJ-45インターフェイスや無線LANアダプタ（子機）のNICなどを別途購入しなければならない場合、ドライバをパソコンにインストールする必要があります。ドライバはNICを使えるようにするための情報が入ったプログラムで、NICに添付されたCD-ROMやインターネットサイトから取得します。またWindowsでは標準のドライバが提供されており、NICをパソコンに挿入すると自動的にドライバがインストールされる場合もあります。

● ケーブルの確認

会社のネットワークでは利用者の座席にLANポートが用意されていたり、近くにハブが置いてあったりするので、ストレートケーブルを使ってパソコンと接続します。またはパソコン上で利用可能な無線LANのSSIDを選択して接続します。

自宅では光ファイバー回線を利用している場合はルーターのLANポートに、ADSLやケーブルテレビを使っている場合はモデムのLANポートにストレートケーブルを挿入してパソコンと接続します。または無線LANで接続します。

● TCP/IPの設定

パソコンでTCP/IPに関する情報設定を行います。設定する項目はIPアドレス、ゲートウェイアドレス、DNSサーバーアドレスなどです。

● IPアドレスの設定

IPアドレスはインターネットの世界の住所です。管理者から指定されたアドレスを自分で入力するか、自動でLANから取得するかを選ぶことができます。会社のLANやプロバイダ経由でインターネットに接続する場合、IPアドレス、DNSサーバーアドレスなど必要な情報はすべてDHCPを使って自動で提供されます。

● ネットワーク情報の確認

コマンドプロンプトで"ipconfig"と入力すると、パソコンのネットワークインターフェイスの設定情報を見ることができます。この情報の中にはIPアドレス、サブネットマスク、デフォルトゲートウェイのアドレスが含まれます。

さらに詳細を参照するには"ipconfig/all"を入力します。この場合、インターフェイスのMACアドレス、DHCPサーバーやDNSサーバーのアドレスも見ることができます。

■イーサネットのプロパティを表示する

■TCP/IPのプロパティを表示し、情報を設定する

Chapter 2　基本になるネットワーク　LAN

LANのいろいろなつなぎ方

ネットワークでは、つなげる機器の数が増えてくると、いろいろなつなぎ方が考えられます。
つなぎ方のことをトポロジーと言い、いくつかの代表的な種類があります。
LANで利用されるトポロジーを紹介します。

◉ トポロジーとは？

トポロジーとはネットワークの接続形態のことで、ノードとリンクがどのような形で接続しあっているかを示す用語です。トポロジーによって、ネットワークは見た目で分類されます。

トポロジーには次に示すような、いくつか代表的な型があります。

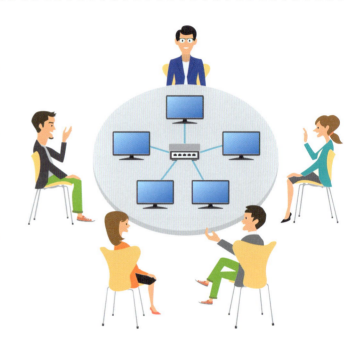

○ スター型

スター型は中央に1つのリピーターハブやスイッチングハブといった集線ノードを置き、そこから複数のリンクがパソコンなどの端末ノードと接続される形態です。UTPや光ケーブルを利用する、イーサネットLANで利用されるトポロジーです。ハブアンドスポーク型とも呼ばれます。

○ バス型

バス型はバスと呼ばれる1本のケーブルを中心に置き、そこから複数のリンクが端末ノードと接続される形態です。初期のイーサネットである10BASE-2や10BASE-5と呼ばれる同軸ケーブルを用いたLANで利用されていたトポロジーです。テレビのアンテナ線などで使われるような同軸ケーブルをバスにします。専用の接続端子を使ってパソコンから延ばした同軸ケーブルをバスのケーブルに挿し込んで接続します。

スター型で利用される集線装置の内部にもバスがあるため、外見上はスター型でも、集線装置内部はバス型のトポロジーがあると言えます。

○ リング型

　リング型は複数のノードを輪状（リング状）に配置し、それぞれをリンクでつないだトポロジーです。

　リング型トポロジーは、1本のリンクが切断されても他のリンクを代用して通信が途絶えないようにするしくみ（冗長性）があるため、1990年代には光ファイバーを用いたFDDIや同軸ケーブルを用いたCDDIが企業LANのバックボーン（中核部）で利用されていました。

　現在は都市間を結ぶ広域ネットワークで利用されることがあります。

○ ピアツーピア型

　ピアツーピアは2つのノードが1つのリンクで接続している形態で、1対1の通信が行われるトポロジーです。ポイントツーポイント型とも呼ばれます。無線LANのアドホックモードやBluetoothのペアリング、携帯電話の赤外線通信がピアツーピア型の例です。

○ ポイントツーマルチポイント型

　ポイントツーマルチポイントは1対多の通信です。1つのノードから複数のリンクが出て、各リンクのもう一端に通信相手のノードが1つずつ接続されます。

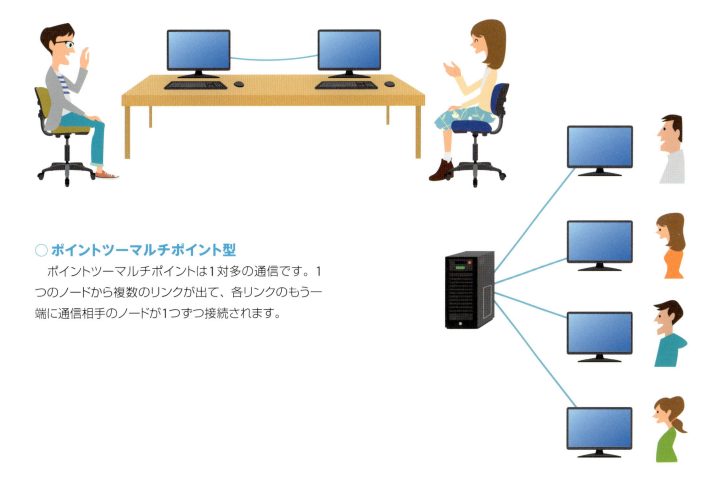

LANの規模

LANは、スペースや構成次第でさまざまな規模のものを構築することができます。
また、LANの用途によって、さまざまな機器が応用されます。
規模によって構成要素にどのような違いがあるのでしょうか？

小規模LANの構成

　小規模LANは数台から十数台のパソコンが4ポートから16ポート程度のリピーターハブやスイッチングハブに接続されます。ハブによって集線されたパソコンは数台のサーバーやプリンターを共用します。サーバーの役割は42ページ、プリンターの共有は46ページに詳しく紹介します。

　またインターネットや他拠点のLANとは小型ルーターを使って接続します。この接続をWAN接続とも呼びます。WAN接続にADSLを利用する場合、ADSLモデムを電話回線に接続します。光回線を利用する場合、ルーターとONU（光回線終端装置）間をイーサネットケーブルで接続します。

家庭内LANの構成

　家庭でLANを構築する場合、家庭用ブロードバンドルーターがよく利用されます。ブロードバンドルーターには4ポート程度のパソコン接続用インターフェイス（ハブとして動作するポート）が付いているので、そのポートにパソコンやサーバーを接続して利用することが可能です。

　またブロードバンドルーターには、無線LANアクセスポイントの機能を持ったものもあります。その場合LANケーブルを利用せずに、無線LANクライアントモジュールを用いて無線LANを利用することもできます。

中規模LANの構成

中規模LANは数十台から数百台のパソコン（クライアント）が接続されます。通常12ポートから48ポート程度のスイッチングハブを部署単位やフロア（階）単位に設置し、各部署や階のパソコンを収容します。パソコンを収容するスイッチングハブを、アクセススイッチと呼びます。

アクセススイッチはさらにコアスイッチと呼ばれる中核スイッチにまとめられます。

コアスイッチや専用のアクセススイッチにサーバーやプリンター、ルーターが接続されます。

VLAN

中規模以上のLANになると物理的に離れた位置にあるクライアント同士で、仮想的なLANを構成することがあります。これをVLAN（Virtual LANの略で「仮想LAN」という意味）と呼びます。LANを複数のVLANに分けると、同じVLANのユーザー同士でしか通信をさせないようにすることができます。異なるVLAN間で通信をするにはルーターが必要になります。

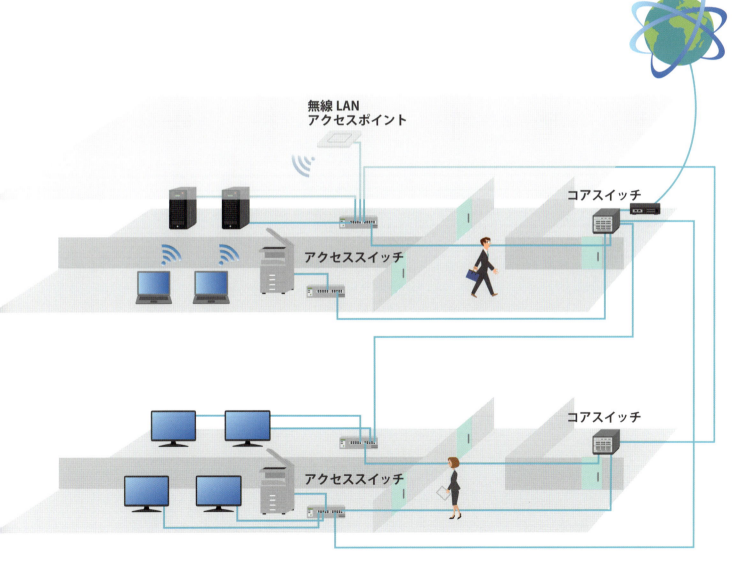

大規模LANの構成

大規模LANは数百台以上のクライアントが接続されます。1つの拠点だけでなく、WANを経由して他の拠点とも接続されることが多いです。

中規模LANのようにアクセススイッチが部署やフロア単位に設置され、コアスイッチにまとめられます。部署単位やフロア単位で中規模LANが構成される場合もあり、この場合はアクセススイッチはディストリビューションスイッチ（分配スイッチ）に集約され、複数のディストリビューションスイッチがコアスイッチによってまとめられます。

各種サーバーはサーバーファームと呼ばれるサーバー専用のネットワーク（VLANやセグメント）にまとめられ、コアスイッチと接続されることが多いです。

プリンターはサーバーファームに接続されたプリントサーバーに接続されたり、アクセススイッチに接続されたりします。

大規模LANで利用される応用機器

○ 無線LANアクセスポイント

無線LANアクセスポイントがアクセススイッチに接続され、各クライアントは無線LANを利用できます。

○ VPN集約装置

VPN集約装置がインターネットとの境界のネットワークに配置され、リモートアクセスサービスが提供されることもあります。これにより、自宅や外出先から光加入者回線、ADSL、ケーブルテレビ網などを経由して会社のLANに接続できるようになります。

○ IP電話

IP電話が利用されることもあり、この場合制御用サーバーやIP電話機がLANに接続されます。

○ 管理用サーバー

管理ネットワークにはSNMPやSyslogといった管理用サーバーが置かれ、管理者はLAN内部の機器や通信量などを監視できます。

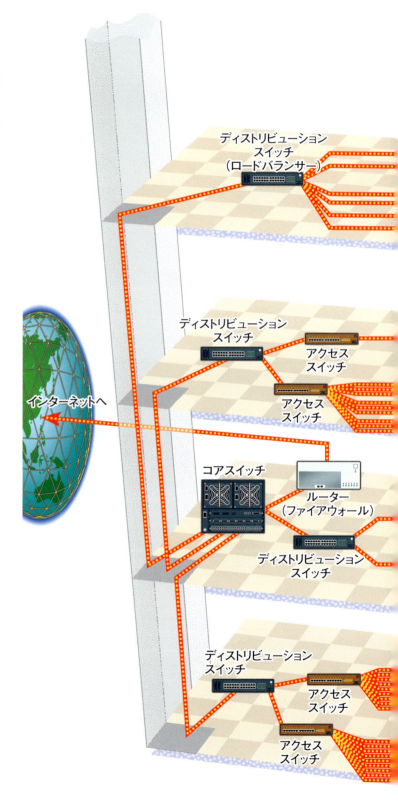

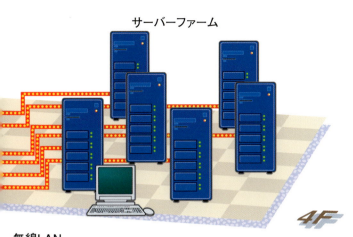

サーバーファーム

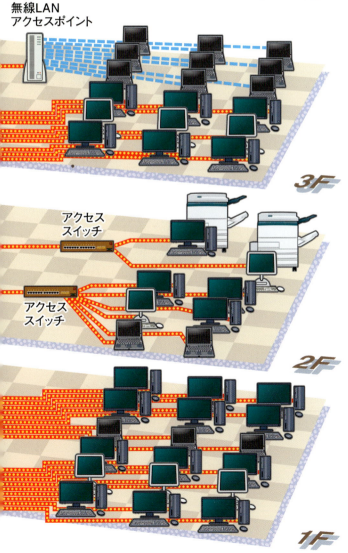

無線LAN
アクセスポイント

アクセス
スイッチ

アクセス
スイッチ

4F / 3F / 2F / 1F

○ ロードバランサー

サーバーファームには大量のアクセスを処理するため同じ処理をするサーバーを複数置き、ロードバランサーと呼ばれる負荷分散装置を使い、複数のサーバーにアクセスを分散させます。

LAN装置はどこに置いてあるの？ Column

　小規模LANではスイッチなどのLAN装置は机の下に置いてあることが多いのですが、中規模、大規模のLANになるとLAN装置は専用のラックに収められていることがほとんどです。また企業LANになると装置専用の部屋があり、専用電源や空調を用いて温度や湿度、電源状態の管理を行っています。

　大規模LANで利用されるほとんどのLAN装置はラックキャビネットと呼ばれる戸棚に設置されます。ラックキャビネットの大きさは規格化されていて、19インチラックとも呼ばれるように機器の幅が19インチ（約48cm）以内のものを設置できるようになっています。

　また機器の高さとして1ユニット（"1U"と書く）という単位があります。1ユニットは約45mmで、LAN装置の高さはこの単位の倍数になります。たとえば一番薄いLAN装置は1Uで高さが約45mm、大きいスイッチでは4Uの高さがある、このラックキャビネットは全部で24U入る、という使われ方になります。

Chapter 2 基本になるネットワーク　LAN

041

サーバーが提供するLANのサービス

LANでは主にサーバーとクライアントの間で通信が行われます。
LANで実現する便利なことは、サーバーのサービスという形で提供されます。
サーバーとクライアントの役割を学びましょう。

サーバー

LANに限らずネットワークでは、サーバーとクライアントという言葉がよく用いられます。

サーバーというのはサービスを提供する人やモノです。実際はサーバーとはWindowsやUNIXなどのOSが動いているコンピュータで、さまざまなアプリケーションソフトウェアがインストールされています。

それぞれのアプリケーションがサービスを提供します。メールサーバーであれば電子メールを中継するサービスを提供します。Webサーバーであれば Webサイトを保管し、要求に応じてWebサイトを構成するデータを送るサービスを提供します。

クライアント

クライアントは「お客様」という意味の英語です。

ネットワークの世界では、クライアントはサーバーにサービスを要求する側のコンピュータになります。実際の利用者が使用しているパソコンがクライアントになり、LAN上でメールのやりとりやWebサイトの閲覧などを行います。

クライアントはWindowsやMac、Linux、iOSやAndroid

などのOSが動いているコンピュータです。それらOS上でメールソフトやWebブラウザなどネットワークサービスを受けるためのソフトウェア（クライアントソフト）をサービスごとにインストールして利用します。

サーバーのハードウェア

サーバーもクライアントも構成要素は同じで、CPU、メモリ、ハードディスク、ネットワークインターフェイスカード、ディスプレイ、キーボードなどが含まれます。

サーバーは一度に多数のクライアントの要求に応えなければならない場合が多いです。そのためクライアントで利用されるコンピュータよりも性能がよいです。具体的にはCPUの処理能力が高いとか、メモリやハードディスクの容量が大きいということが挙げられます。

○ ラックマウント型サーバー

デスクトップ型パソコンと同じように縦置きのサーバーが昔は主流だったのですが、現在はラックマウント型と呼ばれる横型のものが多いです。ブレード型の場合、ルーターなどのネットワーク機器と同じようにラックキャビネットへ設置することができます。

○ ブレード型サーバー

ブレード型サーバーは「ブレード」と呼ばれる1枚の基盤にCPUやメモリ、ハードディスクなどコンピュータとして必要な要素を実装し、必要な枚数を接続して構成するサーバーです。「ブレード」は「刃」という意味で、薄く細長い形をしたサーバー基板の形から名付けられています。省スペースで、1つのラックキャビネットに設置できるサーバーの数が多くなる、という利点があります。

サーバーのOS

OS（オペレーティングシステム）は基本ソフトウェアとも呼ばれ、キーボード操作や画面表示など、アプリケーションソフトが共通で利用する機能を提供するソフトウェアです。

サーバー用のOSとしてはUNIX、Linux、マイクロソフトのWindows 2012 Serverなどがよく利用されます。サーバーのOSは物理サーバー上に直接インストールされる場合と、物理サーバー上にインストールされたハイパーバイザーまたは仮想化ソフトウェア上にゲストOSとしてインストールされる場合があります。ゲストOSで動作するサーバーを仮想サーバーと呼びます。

■ラックマウント型サーバー

■ブレード型サーバー

■1枚のブレード

ファイル共有のしくみ

LANでは文書、データベース、映像、音楽などさまざまな情報をファイルとしてやりとりすることができます。また、同じファイルを複数ユーザーで共有することができます。ファイルをやりとりする方法はいろいろありますが、ファイルを共有するとさまざまな利点が生まれます。

ファイル共有の利点

ネットワークを介してファイルを共有できるようになると、他のユーザーが作成した文書を使用したり、同僚や上司に必要な電子ファイルの資料を簡単に渡したりすることができます。

ファイル共有を利用すると多数のユーザーが用いるデータを一元管理できるため、障害に備えてバックアップ取得や、システム更新時のデータを移行することが容易になります。

ユーザーの役割によってファイルやフォルダごとに異なるアクセス権を設定できるため、セキュリティの管理も行いやすくなります。

企業で利用されている一般ユーザー用のOSはほとんどがWindowsやMac OSですが、異なるOS間でのファイルのやりとりも簡単に行うことができます。

ただし共有したファイルを保存しているパソコンやサーバーが障害に陥ると、誰もファイルにアクセスすることができなくなります。そのためバックアップをとっておくことが重要です。

ファイルサーバー

ファイル共有は利用するOSによって方式が異なります。

UNIXの場合、NFS(Network File System)と呼ばれるファイル共有プロトコルがよく使われます。

Windowsの場合、CIFS(Common Internet File System)というプロトコルが使われます。

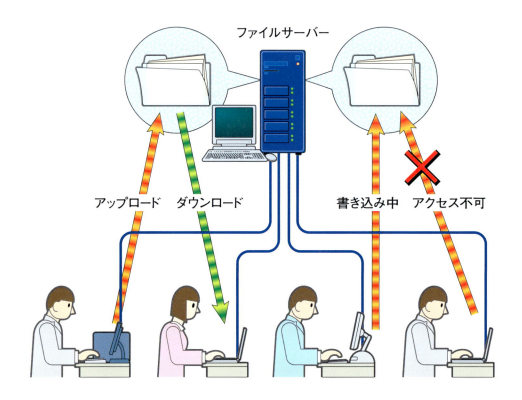

Mac OSの場合、AFP（Apple Filing Protocol）というプロトコルが、以前はAppleTalkというプロトコル上で、最近ではTCP/IP上で使われます。

代表的なソフトウェア

　ファイルサーバーに利用されるソフトウェアとして代表的なものにSamba、Netatalk、nfsd、FTPソフト、Apacheなどがあります。

異なるOSでデータを共有

　Sambaというアプリケーションを用いると、Windows系のクライアントがUNIXやLinux系のファイルやプリンターにアクセスすることができます。Netatalkというアプリケーションを用いることでMacintoshとUNIXやLinux間のファイルのやりとりが可能になります。

ファイルのアクセス権の管理

　ファイル共有にはパーミッションというしくみがあります。これはファイルへのアクセス権限のことで、ユーザー単位やグループ単位でファイルやフォルダに対して「読み込みのみ許可」「読み書き両方許可」「実行のみ許可」などを指定します。

パーミッションの例

	読み	書き	実行
情報システム部社員	○	○	○
一般社員	○	×	×
派遣社員	×	×	×

　たとえば会社のシステム管理情報へのアクセスに、情報システム部の社員は「読み書き実行すべて許可」、一般社員には「読み込みのみ許可」、派遣社員は「読み書きすべて許可しない」というパーミッションを指定することで、情報管理を行うことができます。

排他共有

　誰かが共有ファイルにアクセスしていて、他のユーザーが同じファイルを読み込んだとします。そのとき、書き込みを行うことのできるパーミッションが与えられていても、システムによっては読み込みのみで実行されます。これは複数のユーザーによって書き込みのタイミングがずれて情報の変更や保存に矛盾が発生してしまうのを防ぐため、排他共有と呼ばれます。共有ファイルの情報を変更する場合は気を付けてください。

Column　ファイルとは？

　ファイルとはOSによって管理されるデータのまとまりで、実行ファイル、データファイル、設定ファイルなどさまざまな形があります。それぞれのファイルにはファイル名が付けられ、Windowsの場合は".docx"や".html"などのアルファベットや数字で表現される「拡張子」がファイル名の最後に付けられます。

　たとえばマイクロソフト社の表計算ソフトであるExcelの場合、実行ファイルはEXCEL.EXEという名前のファイルになります。このファイルを実行するとExcelアプリケーションが開始されます。Excelではワークシートと呼ばれるデータファイルを使って表計算データを保存しますが、Excelのデータファイルはexample.xlsxのようにファイルを識別する拡張子が.xlsxになります。

　ファイル共有では、クライアントのパソコンの中にExcelのような実行ファイルがインストールされていて、同僚の作成したデータファイルを同じ部署内の社員にコピーして送るとか、他の社員がデータファイルを修正し合うことが可能になります。

プリンター共有のしくみ

LANを利用すると、会社の部署単位や階ごとに複数のユーザーでプリンターを共有して利用することができます。ネットワークを利用すると、離れた場所にあるプリンターも簡単に利用できます。プリンターをネットワークで利用するには、いくつかの接続方法があります。

プリンター

パソコンで作成した文書を印刷する機械がプリンターです。
インクを紙に吹き付けるインクジェットプリンターや、コピー機と同じようにトナーと呼ばれる樹脂粉末を用いたレーザープリンターがよく使われています。また企業向けに帳票や伝票などを高速に印刷するドットインパクトプリンターがあります。

ネットワークプリンター

ネットワークを使わない場合、パソコンのUSB（ユーエスビー：Universal Serial Bus）と呼ばれるインターフェイス（接続端子）と、プリンタのUSBインターフェイスの間をUSBケーブルで接続します。この場合パソコンとプリンターは1対1の関係で、プリンターはパソコンの周辺装置の1つでしかありません。

ところが家庭でパソコンが2台以上ある場合、学校や企業でたくさんのパソコンがある環境の場合、1台のパソコンにつき1台のプリンターを接続するより、複数のパソコンで1台のプリンターを利用したほうが効率的です。プリンターの稼働率もパソコンの利用時間に比べればそれほど高くないため、ネットワークを介して1台のプリンターを複数のパソコンで共有しようという発想が生まれました。

ネットワークを介すると、場所を問わずLANに接続されているすべてのプリンターを利用することができるようになります。たとえば東京本社の社員が出張で名古屋支店に行き、支店のLANポートにパソコンを接続したとします。普段、本社のプリンターを利用している社員が、支店のネットワークプリンターから書類を印刷することができますし、支店にいながら本社のプリンターへ書類をプリントすることもできます。

■レーザープリンター

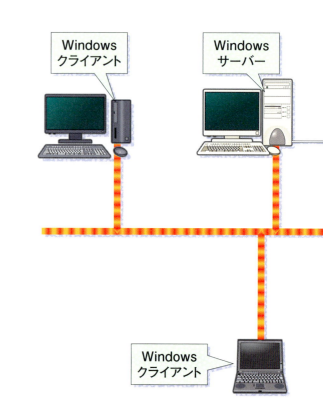

● プリンターのネットワーク接続

　Windowsのプリンター共有機能を用いると、パラレルケーブルやUSBケーブルでパソコンと接続されたプリンターを、そのパソコンが属するWindowsネットワークの他のパソコンが参照して利用することが可能です。

　また最近のネットワーク対応型プリンターには、パラレルポートやUSBインターフェイス以外に、ネットワークインターフェイスとしてイーサネット用のRJ-45（パソコンのLANインターフェイスと同じ接続口）や無線LANインターフェイスがあります。このようなプリンターにはプリントサーバーという装置が内蔵されています。パソコンと同じようにプリンターのRJ-45インターフェイスにLANケーブルを挿すか無線LANを設定して、IPアドレスを割り当てます。

■USBケーブル

パラレル接続とは？ **Column**

USB以外に、パソコンとプリンターのパラレルポート間をパラレルケーブルで接続する方式もあります。2000年代中旬頃までパラレルポートを持つパソコンが多かったですが、現在はほとんど利用されません。

■パラレルケーブル

● 外付けプリントサーバー

　RJ-45のようなネットワークインターフェイスを持たないプリンターを、ネットワークに接続するにはどうしたらよいでしょう。

　このときは外付けのプリントサーバーを使います。

　プリントサーバーには、10BASE-Tまたは100BASE-TXに対応したRJ-45インターフェイス、パラレルインターフェイス、USBインターフェイスといった接続口があります。ネットワークへはRJ-45を用いて接続し、プリンターをパラレルケーブルまたはUSBケーブルでつなぎます。

　プリントサーバーには専用のソフトウェアが添付されていて、IPアドレスなど利用に必要なネットワーク設定を行います。プリントサーバーはプリンター以外にスキャナーなどUSBインターフェイスを持つ他の周辺機器も接続できます。またパソコンだけでなく、無線LANを使用してスマートフォンやタブレットを周辺機器と接続することもできます。

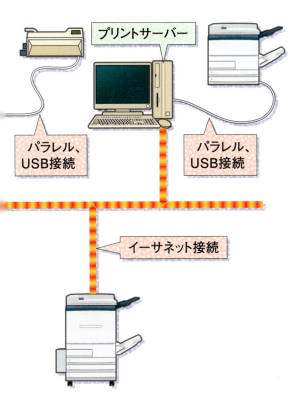

■外付けプリントサーバー

イントラネット

企業で組まれるネットワークは、インターネット技術の発達に伴い、変化してきました。それまでの閉じたネットワークからイントラネットへの移行によって、外部との通信もスムーズになり、エクストラネットのしくみも発展しました。

● イントラネットとは？

　イントラネットとは、TCP/IPなどインターネットで利用される技術を使って構築された企業ネットワークのことです。

　インターネット技術にはこれまで紹介したケーブルやLANの標準、IPアドレスを使ったパソコンの識別、メールやファイルのやりとりなどが含まれます。

　イントラネットのイントラ（intra）とは「内部の、領域内の」という意味があります。組織内部のネットワークなのでイントラネット（intranet）と呼ばれます。

　イントラネットは公共のインターネットとは独立した、閉じたネットワークです。インターネットと接続することもできますが、その場合は外部から勝手にデータを盗み見たりされないよう、セキュリティに注意する必要があります。

● エクストラネットとは？

　内部のネットワークに対して、外部も含めたネットワークをエクストラネットと呼びます。同じ組織ではないのですが、生産を委託していたり研究開発を一緒に行ったりしている協力企業とはネットワークでお互いを結んで情報共有すると、電子取引などを行う上で都合がよいです。このような協力会社のイントラネットとの相互接続をエクストラネットと呼びます。

　エクストラ（Extra）は「外部の」という意味です。外部も含めるとは言っても、公共のネットワークであるインターネットは含めません。

● イントラネットの利点

　これまで企業はメーカー独自のネットワークシステムを構築したり、ネットワークアプリケーションを利用したりしていました。しかしインターネットの普及に伴い、標準化された技術を使ったほうがより安価で安定したシステムが構築でき、さらに他の組織との情報のやりとりがスムーズに行えるということから、イントラネットは幅広い組織で利用されるようになりました。また電子商取引では紙の伝票が不要になり、契約や決済のスピードが大幅に向上します。これにより人員の削減や販売機会の拡大などにつながるという利点があります。

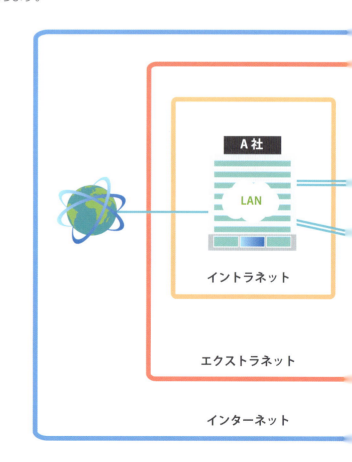

● eコマース(電子商取引)

eコマースはネットワークを利用して契約や決済などを行なう取引です。EC(Electronic Commerce)と略されることもあります。企業同士の取引を"B to B(Business to Business)"、企業と消費者間の取引を"B to C(Business to Consumer)"、消費者同士の取引を"C to C(Consumer to Consumer)"と呼びます。

B to Bは個々の取引先企業同士で行われます。たとえば企業の名刺や文房具の発注、旅行代理店への出張手配などがあります。

B to Cは楽天市場やYahoo!ショッピング、カカクコムなどさまざまなオンラインショップ(インターネット上のお店)を集めた仲介型と、自社製品をインターネット経由で消費者に販売する小売型の2種類があります。

C to Cはインターネットオークションが代表例です。

また受発注や見積もり、決済、出入荷などに関わるデータをあらかじめ定められた形式にしたがって電子化し、企業間で電子的にイントラネットやエクストラネット経由で送受信するしくみをEDI(Electronic Data Interchange)と呼びます。

● イントラネットとセキュリティ

イントラネットの内部ユーザーは、インターネットにアクセスしてさまざまな情報を取得する場合もあります。この場合、イントラネットにインターネットゲートウェイ(インターネットへの出入り口)となるルーターを設置します。

イントラネット内部では企業にとって大切な情報がたくさん含まれます。インターネット側から悪意ある利用者によるデータの盗聴(盗み見ること)や改ざん(勝手に値を変えてしまうこと)を防ぐように対策する必要があります。

具体的にはファイアウォールを利用して外部ユーザーはDMZと呼ばれる特定の場所にしかアクセスできないようにしたり、侵入検知システム(IDS)やウイルス対策ソフトなどを利用して外部からの攻撃が検知できるようにします。

また個人情報や知的財産などの機密情報を外部に漏えいさせないよう、内部ユーザーのデータアクセスを制御したりログ取得したりすることが重要です。

CALS

公共事業でeコマースを使った仕組みにCALS/ECがあります。

CALS/ECは、「公共事業支援統合情報システム」の略で、これまで紙でやりとりされていた情報を電子化し、ネットワーク上で部門をまたぐ情報の共有や有効活用、電子入札などを行う仕組みです。

CALS(Commerce At Light Speed)は、もともとはコンピュータを使った物流管理システムという意味で用いられていた用語で、アメリカ国防総省が資材調達を目的に定めた規格をもとにしています。

インターネットが普及し、資材調達だけでなく、設計や製造、決済まですべてネットワーク上で行うよう適用範囲が広げられました。

Chapter 2 基本になるネットワーク　LAN

データセンターと仮想化

特に大企業では、基幹業務システムやWebサーバーなど
さまざまな社内外サービス向けのサーバーがデータセンターに設置されて運用されています。
これらサーバーは仮想化されるのが主流となってきています。

● データセンターとは？

　サーバーやネットワーク機器などを設置して運用することに特化した建物や施設を総称してデータセンターと呼びます。データセンターの中でも特にインターネットと接続するサーバーやIP電話設備の設置に特化したものをインターネットデータセンター（IDC）と呼びます。企業は事業者のデータセンターに自社の基幹業務システムや外部へ公開するWebサーバー、ネットワーク機器を預け入れ、インターネット接続とサーバーの運用監視を委託します。事業者が提供するデータセンターでは専用の電源や空調が用意されており、災害や停電などへの対策がなされているため、企業のオフィス内にあるサーバールーム（マシン室）で運用するよりも信頼性や可用性が上がるという利点があります。

● サーバー仮想化

　データセンターでは多数のサーバーが稼働し、さまざまなサービスが提供されています。従来はサーバーというと一台一台の物理的なサーバー（物理マシン）のことを指していました。最近ではコンピュータの性能向上に伴い、一台の物理マシン上で複数台の仮想的なサーバー（仮想サーバーまたは仮想マシン）を動作させて利用するサーバー仮想化が主流になっています。それぞれの仮想サーバー上で異なるOSやアプリケーションを実行させることができ、独立したコンピュータのように使用することができます。

　サーバー仮想化により、物理サーバーの台数を減らして運用を効率化したりCPUなどのリソースを無駄なく利用したりすることができます。また仮想サーバーは物理的なサーバーとは異なり、簡単にコピー（レプリケーション）することができます。これによりバックアップサイトを作成したり、開

発やテスト用の環境を迅速に構築したりすることもできます。また、仮想サーバーであれば使わなくなったときに簡単に削除することができます。

ネットワーク仮想化

データセンターのサーバーが仮想化されるように、ネットワーク機器も仮想化されようとしています。従来はルーターやファイアウォールなどネットワーク機器のOSは専用のネットワーク機器筐体上で動作していました。ネットワーク仮想化（NFV：Network Functions Virtualization）では、これらネットワーク機器のソフトウェアが共通の汎用ハードウェア上で動作させることができるようになります。具体的には、VMwareのESXiハイパーバイザーやAWSなどのパブリッククラウド上でサーバーの仮想マシンと同じように、ルーターやファイアウォールなどのネットワーク機器が仮想マシンとして配置され、設定を行って利用できます。

仮想化されたネットワークの構造や設定などを単一のソフトウェアによって制御し、動的に変更できるようにする技術をSDN（Software Defined Network）と呼びます。

サーバー仮想化やネットワーク仮想化は112ページで紹介するクラウドサービスで利用されます。

デスクトップ仮想化

仮想化技術を使用してWindowsパソコンのようなクライアントマシンのデスクトップ環境を複数実行することをデスクトップ仮想化と呼びます。サーバー仮想化のようにハイパーバイザー上で複数のクライアントOSの仮想マシンを立ち上げるのもデスクトップ仮想化ですが、主に企業向けのVDI（Virtual Desktop Infrastructure）で利用されることが多いです。VDIはデスクトップ仮想化向けのサーバーシステムのことで、仮想化されたデスクトップをユーザーが使用する端末上の記憶装置を使うのではなく、中央のサーバー上の記憶装置で実行します。ユーザーの端末へはリモートデスクトップのように画面情報のみ転送され、ユーザーが使用するアプリケーションやデータは中央サーバー側にしか存在しません。ユーザーが端末を紛失したとしても、端末にはデータは残っていないため第三者に盗まれることはありません。

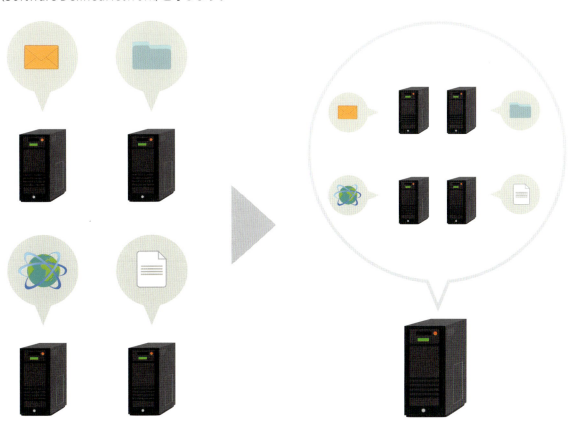

LANの管理

ネットワークには、トラブルが起こったときに対処する管理者がいます。
管理者のお仕事にはどのようなものがあるでしょう?
またどのようなツールを利用して管理が行われるのでしょう?

● LAN管理者

　LAN管理者は、トラブルが起きた場合に素早く対処できるように、いろいろなLANに関する情報を管理しなければなりません。
　またLAN利用ポリシーやセキュリティポリシーといったルールを作成し、ルールを無視したユーザーによるネットワークへの妨害を防ぎます。

● 管理項目

○ アドレス割り当て、管理
　設計ポリシーにしたがってIPアドレスを割り振ります。DHCPを利用して自動で割り当てる場合、プールと呼ばれるアドレス範囲を決めます。
　グローバルIPアドレスを利用したり、ドメイン名などインターネットでのネットワーク識別に利用する値を、必要に応じてJPNICなどの管理組織に通知したり取得したりします。

○ サーバー管理
　定期的に最新のソフトウェアにアップグレードしたり、バグ（プログラムの欠陥）が発見されたときにパッチ（改修ファイル）を施したりします。通信量に合わせてハードウェアを増設することもあります。

○ クライアント管理
　サーバーと通信するために専用ソフトウェアが必要な場合は、各ユーザーのパソコンに配布します。また、セキュリティの設定やOSの管理を行います。

○ ログ管理
　ログとは処理記録のことです。ネットワーク機器やソフトウェアがいつ、どのような処理を行ったかという記録を監視することは、LAN管理者にとって重要な項目です。

○ SNMPによる機器監視
　ルーターやスイッチなどの通信機器は、管理サーバーとの間でSNMPというプロトコルを利用して、現在の状態や異常事態を確認します。CPUやメモリの使用率を監視したり、トラブルが起きたときに発生するトラップと呼ばれるメッセージがないか確認したりします。

○ セキュリティ監視
　IDSやルーター、ファイアウォールなどネットワーク機器のログやアラート（警告）を見ながらセキュリティ監視を行い

クライアント管理

ID 管理

ます。

◯ Syslog監視

Syslog（シスログと読みます）は、ネットワーク機器やサーバーから発せられる処理記録です。この記録を監視することによりトラブルの未然防止や、実際に起きたトラブルの原因究明に役立てます。

◯ トラフィック監視

LAN内部を流れるトラフィック（通信データ量）を監視し、必要に応じてスイッチングハブを高性能なものにしたり、LANのアクセス速度を増強したり、通信の帯域制御を行ったりします。

◯ 認証管理

外部ネットワークからLANにアクセスする、リモートアクセスやVPN接続に必要な認証方法を決め、認証に必要なパスワードや証明書の発行を行います。またWindowsネットワークのユーザー認証に関するルールを決めます。

◯ LAN利用ポリシー作成

ポリシーというのは「政策」という意味の言葉です。勝手に自宅のパソコンを会社のLANポートに接続してはいけないとか、ハッキングツールを使ったり妨害トラフィックを流したりしてはいけない、といった組織内の利用規則を意味します。

◯ セキュリティポリシー作成

外部ネットワークからの攻撃などに備えて、必要なセキュリティルールを策定します。

◯ トラブルシューティング

ネットワークにトラブルが発生した場合、その原因を解明し必要な対応を行います。

◯ バックアップ

サーバーに蓄積された重要なデータを定期的に保存し、トラブルが起きてサーバーのデータが消滅してしまった場合に備えます。

● 管理ツール

LAN管理にはいくつかのサーバーが利用できます。ログ情報を収集、蓄積するSyslogサーバー、ユーザー認証や課金管理を行うRADIUSサーバー、ネットワーク機器の設定や情報収集などを行うSNMPサーバー、ネットワークを流れるデータ量を計測するRMONプローブなどが管理ツールとして使用できます。

サーバー管理

リモート管理

ネットワークの障害対策 (Column)

ネットワークは組織内の多数のユーザーが利用する通信インフラです。いろいろな機器が複雑に絡み合って構成されています。ネットワークで使われる機器は電気で動いており、人間の作ったプログラムに沿って動作しています。

このことは、停電が起きたりプログラムに欠陥があったりすると、ネットワークの一部もしくは全部が停止してしまう恐れがあるということです。

ネットワークを設計するときは、このような障害が起きることを想定し、無停電電源システム（UPS）を利用して停電に備えたり、経路を複数用意する冗長構成にしたりします。

[Chapter] 3

ネットワークのルール プロトコル

ネットワークの世界では、さまざまなコンピュータや通信装置が正確にデータのやりとりを実現するためのルールが、たくさん定められています。これらのルールをプロトコルと呼びます。どのようなプロトコルがあるのか、またたくさんあるプロトコルはどのように分類されるのかを見てみましょう。

デジタルデータのしくみ

ネットワークを流れるデータはデジタル信号であり、0と1だけで表すことができます。
コンピュータが扱う情報の実体は、0と1だけの2進数で構成されます。
ここでは、デジタルデータがどのように扱われているのかを説明します。

アナログとデジタル

　ネットワーク上を流れるデータはデジタルで表現されます。デジタルの反対語にアナログがあります。アナログは情報を連続的な値で表現します。アナログ時計は時計盤を回転する針によって時間という情報を表現し、アナログ体温計は温まって膨張した水銀の体積によって体温という情報を表現します。このようなアナログ情報（データ）は正確な情報を表現できる一方、あいまいなデータを補正したりデータの保存や検索などの処理を行うことが困難です。

　一方、デジタルデータは不連続で情報を0と1だけで表現します。デジタル時計は徐々に針が動くことはなく、"12:00"のあとに急に"12:01"へと表示が変化します。

　また、たとえば5ボルトの電圧がかかると"1"、0ボルトだと"0"とします。通信途中で電圧がノイズによって4ボルトになってしまっても、デジタルデータでは1に補正できるという利点があります。

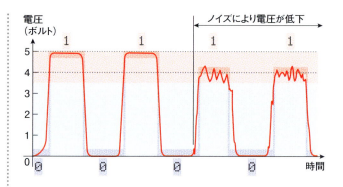

2進数、10進数、16進数

　私たちがモノの数を数えたり、おカネを数えるときに使う数値を10進数と呼びます。10進数では0から9までの10個の数字を使って数値を表現します。9の次は10、99の次は100というように9が連続した値に1を加えると繰り上がりが発生します。

　コンピュータの世界では2進数を用いて情報を処理します。2進数は0の次は"1"、1の次は2ではなく"10"となります。その次は11、100、101、110……となります。2進数だと人間にとってわかりにくいため、16進数を用いることもあります。2進数の4桁が16進数の1桁に対応しているため値の変換が簡単です。16進数では0〜9に加えA〜Fの6つのアルファベットを使い、合計16個の英数字を使って数値を表現します。

2進数、10進数、16進数の対応

10進数	0	1	2	3	4	5	6	7	8	9
2進数	0	1	10	11	100	101	110	111	1000	1001
16進数	0	1	2	3	4	5	6	7	8	9

10進数	10	11	12	13	14	15	16	17	18	19
2進数	1010	1011	1100	1101	1110	1111	10000	10001	10010	10011
16進数	a	b	c	d	e	f	10	11	12	13

10進数	20	21	22	23	24	25	26	27	28	29
2進数	10100	10101	10110	10111	11000	11001	11010	11011	11100	11101
16進数	14	15	16	17	18	19	1a	1b	1c	1d

2進数と16進数の関係

100という10進数を2進数で表現すると"01100100"です。この値を4桁で区切ると、"0110"と"0100"の2つになります。最初の"0110"は16進数の6、次の"0100"は16進数の"4"です。この2つの数を連結した"64"という値が10進数の100を16進数で表現したものとなります。

デジタルデータの単位

○ ビット
1ビットは2進数の1桁で、0と1だけを表現できます。

○ バイト
1バイトは8ビットです。2進数で00000000から11111111まで表現できます。これは10進数で0から255までとなります。

○ オクテット
1オクテットは1バイトと同じで8ビットです。通信の世界ではバイトとともによく使われます。

○ ワード
1ワードは4バイトです。つまり32ビットです。

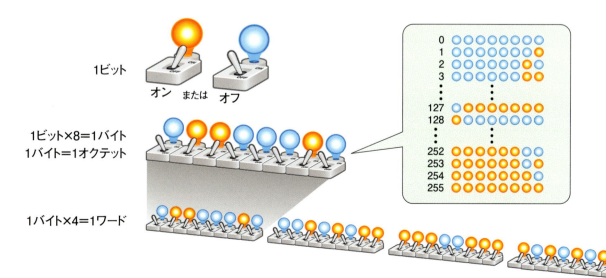

7階建てのルール OSI参照モデル

たくさんあるネットワークのプロトコルを機能別に分類するために、OSI参照モデルがあります。7つの階層に分けてプロトコルが整理されているのが特徴です。OSI参照モデルに沿って通信機器の仕様が統一され、ネットワークは開かれたものとなりました。

OSI参照モデルとは？

OSI参照モデルは、多数ある通信プロトコルの位置付けや関連性を把握するのに役立ちます。

OSI（オーエスアイ）はOpen System Interconnectionの略で、「開放型システム間相互接続」という意味です。「開放型システム」というのは、ネットワーク内で同じ仕様に基づいている通信機器のことで、パソコンやルーター、スイッチなどを指します。このような機器はCPUや、ASIC（特定用途向けのIC）といったハードウェアと、プログラムが書かれたソフトウェアで構成されています。この仕様は、特許を取ったり企業秘密であったりするようなメーカー独自のものではなく、誰もが利用できるよう一般に開放されています。

OSI参照モデルの構造は7つの階層からできています。

制定の背景

OSI参照モデルは1980年に、異なる機種間のデータ通信を実現するために制定されました。当時、企業は最新のネットワークを導入してコスト削減と生産性向上を目指していましたが、ネットワーク機器メーカーによって異なる仕様があったりして、ネットワークを拡張したり、相互接続するのに問題が出てきました。このような問題をなくし、どのメーカーの機器でもネットワーク相互接続ができるよう、OSI参照モデルを制定したのです。

OSI参照モデルの階層

OSI参照モデルは第1層が「物理」層、第2層が「データリンク」層、第3層が「ネットワーク」層、第4層が「トランスポー

ト」層、第5層が「セッション」層、第6層が「プレゼンテーション」層、第7層が「アプリケーション」層です。

7つの階層は「コネクション」というユーザー間通信接続に関するプロトコルをまとめた下位4層と、「アプリケーション」というユーザーのコンピュータ内部で処理される、ソフトウェアに関するプロトコルをまとめた上位3層に大きく分けることができます。

OSI参照モデルのしくみ

OSI参照モデルの特徴は、同じ階層の中だけで標準ルールを自由に決めることができることです。

1つ下の階層が、その上の階層に責任を持ってサービスを行って、両者間で窓口（インターフェイス）を提供しあうのが条件にあります。

○ 郵便でたとえてみましょう

A子さんがB子さんに手紙を出すとします。

A子さんは封筒にB子さんの住所と名前を書いて、切手を貼って、近所の郵便ポストに投函します。

郵便ポストは郵便局が提供するインターフェイスです。

投函した手紙は、郵便局員さんが回収して、いくつかの郵便局を経由して、B子さんの家のポストに配達されます。B子さんの家のポストもまた、インターフェイスになります。

このインターフェイスを用意すれば、A子さんとB子さんは郵便局がどのようなルールで手紙を配達しようが、意識する必要はありません。

つまり、郵便局は独自のルールを自由に決めることができる、ということです。

階層化モデルの利点

階層化モデルを使うと次の利点があります。

1. ネットワーク処理においてどの機能について話しているのかわかりやすくなります。たとえばLANは第2層、IPは第3層、TCPは第4層です。

2. 標準のインターフェイスを定義することにより、異なるメーカー同士の機器が接続できるようになります。たとえば第1層ではRJ-45が定義され、第3層ではIPアドレス

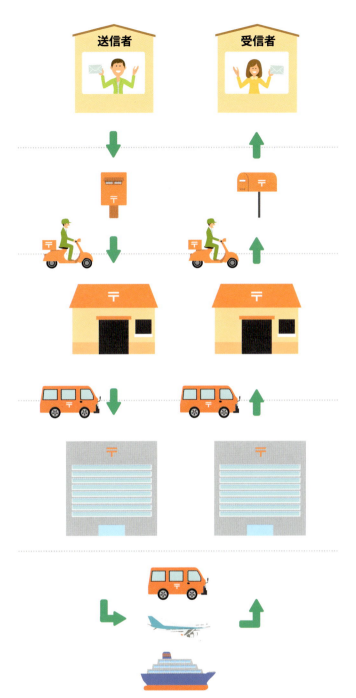

という共通の識別子が提供されます。

3. ネットワーク機器を設計、開発するエンジニアが考える範囲を限定することができます。たとえばソフトウェアの第4層まではOSで共通プログラムが提供されるので、第5層から新たに開発すればよい、という感じです。

4. ある層で変更したことが他の層に影響を与えないようにすることができます。

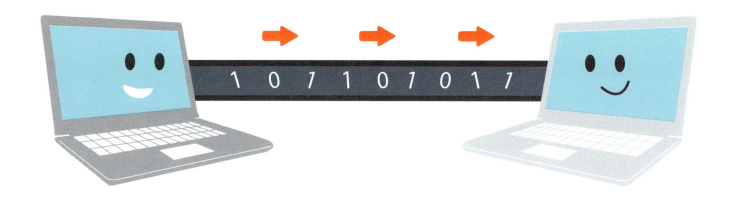

物理層

物理層ではデジタルデータを運ぶために必要な、電気や機械に関するルールがまとめられています。LANの場合IEEE802.3という規格によって、イーサネットや無線LANに関する物理層の仕様が決められています。具体的には通信に使う電圧値やデータ速度、最大通信距離、コネクタの形、無線周波数範囲などが定められています。たとえばツイストペアケーブルを使ったイーサネットの最大通信距離は100m、コネクタの形状はRJ-45、データ速度は10Mbpsや100Mbpsなどと決められています。

データリンク層

データリンク層ではデータリンクを生成する方法や、データリンクを流れるデータの形がまとめられています。データリンクとはデータが流れる回線のことで、その両端にはパソコンや通信機器がつながっています。

データリンクを流れるデータを「フレーム」と表現し、LANの場合は「イーサネットフレーム」と呼びます。イーサネットフレームには制御情報の入ったヘッダがあり、この中にどこへデータを送ればよいかを示すMACアドレスが設定されます。

受信時にデータが混み合って処理しきれなくなると相手にデータ送信を止めさせるフロー制御、ネットワークの混み合いを相手に通知する輻輳制御、データ転送が失敗したときのエラー通知などのルールが定められます。これらの機能の実装はプロトコルによって異なります。

ネットワーク層

ネットワーク層ではLAN同士を接続する方法がまとめられています。

異なるLAN間を接続するにはルーターが介されます。ルーターはネットワーク層の機能を提供します。

ネットワーク層ではどこへデータを送ればよいかを示すのにIPアドレスが用いられます（72ページ参照）。

IPではLANのようなデータリンク層ネットワークの範囲を「サブネット」として表現します。ホストを識別するIPアドレスとサブネットの範囲を特定するサブネットマスクによって、どのLANのどのホストへデータを送ればよいか決定します。複数のルーターを経由してサブネットへ到達させる処理をルーティングと呼びます。

トランスポート層

トランスポート層ではポート番号という値によって、上位のアプリケーションの種類を特定します。アプリケーションとはメールやWebなどインターネットで利用するサービスのことです。

ネットワーク層までで通信を行いたいホスト同士がどれか決定します。トランスポート層ではコネクションと呼ばれる仮想回線を確立し、ホスト間があたかも1つのケーブルでつながっているかのように見立てます。トランスポート層の処理によって、通信途中でデータがなくなってしまっても再度コピーを送信したりできるため、アプリケーションは安心して1回だけデータ送信処理を行えばよくなります。

セッション層

セッションというのはホスト間でやりとりされる通信の始まりから終わりまでをまとめたものです。

たとえば電話でレストランを予約するときを考えてみましょう。まず電話をかけます。これはトランスポート層でコネクションを作ることに相当します。次に店員さんが「どのようなご用件でしょうか？」と尋ね、それに対して「来週水曜日の19時から6名で予約をお願いできますか？」と応えます。店員さんが「かしこまりました、空き状況をお調べします」と返し、続いて「来週水曜19時から6名の予約を承りました」と結果を伝えてくれます。最後に「わかりました」「お待ちしております」と締めくくり、電話を切ります（コネクションの解放）。

プレゼンテーション層

プレゼンテーション層では、圧縮方式や文字コードなど、データの表現形式を規定します。

文字コードや静止画像、動画のフォーマットはプレゼンテーション層のプロトコルです。

プレゼンテーション層のプロトコルが間違えていると「文字化け」を起こしてしまい、メールやブラウザの文字がおかしな記号で表されてしまいます。

プレゼンテーションという英語には、「発表のやり方や体裁」という意味があります。

アプリケーション層

インターネットでは電子メールのSMTP、ファイル転送のFTP、ブラウザを使ってホームページを見るWWWのHTTPなど、アプリケーションのプロトコルが多数規定されます。

パソコンではいろいろなアプリケーションソフトウェアを使えます。その中にはインターネットで使うソフトもあって、Webブラウザや電子メールソフトなどが含まれます。このようなデータ通信が発生するアプリケーションでは、自分だけでなく相手も同じルールを使って、通信された文字や画像、音声などを表現する必要があります。

ASCIIコード（一部抜粋）

文字	SPACE	!	"	#	$	%	&
10進数	32	33	34	35	36	37	38
文字	'	(	)	*	+	,	-
10進数	39	40	41	42	43	44	45
文字	.	/	0	1	2	3	4
10進数	46	47	48	49	50	51	52
文字	5	6	7	8	9	:	;
10進数	53	54	55	56	57	58	59
文字	<	=	>	?	@	A	B
10進数	60	61	62	63	64	65	66
文字	C	D	E	F	G	H	I
10進数	67	68	69	70	71	72	73
文字	J	K	L	M	N	O	P
10進数	74	75	76	77	78	79	80

※赤枠の部分は、Kという文字が75という数値で表現されることを示しています。

ネットワークを流れるデータ

ネットワークを流れるデータは階層に応じて、いくつかの形に変化します。
各階層にあて先などの制御情報が付けられるので、
次々に箱の中に入れられていくようなイメージになります。

●ビットストリーム

　物理層ではデータは信号で表現されますが、これをビットストリームと呼びます。単に0と1がずらずらと並んだだけのものです。

　実際は何ボルトの電圧がかかっているから1、かかっていないから0といった形になります。0と1しか使わないデジタルデータの特徴で、多少電圧の値が上下してもある範囲内であれば0と1を特定できます。

●セグメント

　トランスポート層を流れるデータをセグメントと呼びます。TCPの場合はTCPセグメントです。

　セグメントは制御情報が入った「ヘッダ」と実際の通信データが入った「データ部」からなります。

　TCPヘッダには送信元ポート番号、あて先ポート番号、データの順番を示すシーケンス番号などが入っています。TCPセグメントにはOSI参照モデルの上位層、つまりアプリケーション層からセッション層にかけて生成されたアプリケーションデータが入ります。

　長いアプリケーションデータはパケットに入りきる大きさに分割されます。

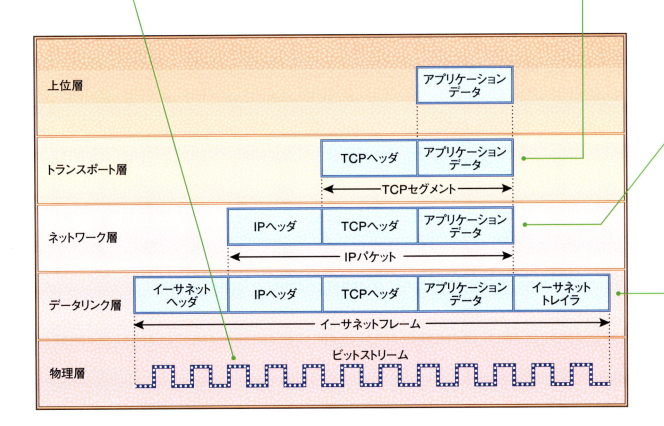

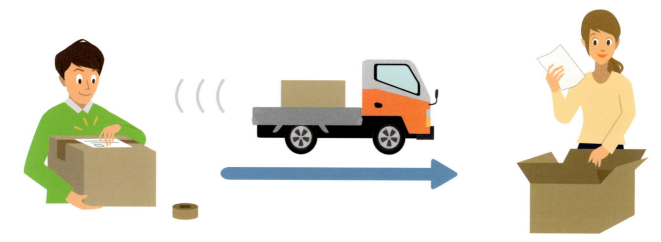

● パケット

ネットワーク層を流れるデータをパケットと呼びます。IPの場合IPパケットとなります。

パケットは制御情報の入った「ヘッダ」と実際の通信データの入った「ペイロード」の2つの部分からなります。IPパケットのヘッダには送信元IPアドレス、あて先IPアドレス、トランスポート層のプロトコル種別（TCPかUDPか）などが入ります。IPパケットのペイロードにはTCPセグメントなどのトランスポート層のデータが入ります。

パケットはフレームのデータ部に入るため、データリンク層で決められた最大フレーム長に収まるようにします。収まりきらない場合はフラグメントと呼ばれるデータの分割を行います。

● フレーム

データリンク層を流れるデータをフレームと呼びます。イーサネットの場合、イーサネットフレームとなります。フレームには制御情報の入った「ヘッダ」、実際の通信データが入っている「データ部」、フレーム到着時にデータが壊れていないかチェックするための「トレイラ」の3つの部分からなります。

イーサネットフレームでIPパケットを送る場合、データ部にIPパケットが入ります。

イーサネットフレームのヘッダには送信元MACアドレス、あて先MACアドレス、ネットワーク層のプロトコル種別（たとえばIP）などが入ります。

トレイラには、冗長符号といって、決められた計算式を使ってデータの特徴を数値化したものが入っています。

フレームの長さ（最大フレーム長、最小フレーム長）はデータリンク層のプロトコルによって異なります。

● 通信データのエラー検出

一般にデータリンク層ではフレームの終端に「トレイラ」と呼ばれるエラー検出用データをくっつけます。送信元コンピュータは、送信するデータをもとに冗長符号を計算してトレイラに格納します。

あて先コンピュータは、受信したデータをもとに冗長符号を計算してトレイラにある冗長符号と比較します。

このとき計算したものとトレイラにあるものが一致していないと、データが途中で消えてしまったり、変な雑音が入ったりしてデータが電気的に変わってしまったりしたことになります。

検出データをフレームチェックシーケンスと呼びます。具体的には、あて先アドレス、送信元アドレス、長さ/タイプ、データの各フィールドから計算してCRC（Cyclic Redundancy Check）値を設定します。CRC値が一致しない場合はエラーが発生したと判断され、そのフレームは破棄されます。

● 送信開始を教えるしくみ

LANのインタフェースにフレームの送信開始を教えてあげるための信号として、「プリアンブル」があります。

プリアンブルは1と0が7バイト分、交互に続くパターンで、その後「SFD」と呼ばれるフレーム開始位置を知らせる「10101011」というパターンが続きます。プリアンブルを受信中に、その最後が「10101011」となっていることを検出すると、その次のビットからあて先アドレス部が始まると解釈されます。

Chapter 3 ネットワークのルール プロトコル

イーサネットのしくみ

LANで利用される通信方式であるイーサネットについてまとめます。
イーサネットもまたプロトコルで、データの衝突を検出するしくみなども定められています。
また、データリンク層のプロトコルであるため、通信ケーブルとも密接な関係があります。

イーサネットとは?

　イーサネットはIEEE802.3で標準化された物理層およびデータリンク層のプロトコルで、LANで利用されることからLANプロトコルとも呼ばれます。データ形式にイーサネットフレームを用い、LANケーブルとも呼ばれるツイストペアケーブルや光ファイバーケーブルを使う場合が多いです。通信速度が100Mbpsのものをファーストイーサネット、1Gbpsのものをギガビットイーサネット、10Gbpsのものを10ギガビットイーサネットと呼びます。

　イーサネットはバス型のトポロジーが基本で、1本のバスに複数のホストが接続されます。このときCSMA/CDという衝突検知を行い、共有する1本のバスを複数のホストが同時に使用しないように制御します。

　10ギガビットイーサネットをはじめ、今後40ギガ、100ギガビットイーサネットが規格化されますが、これらはCSMA/CDを使いません。

CSMA/CDとは?

　同じ伝送路を使って複数のホストが通信する形態をマルチアクセス(Multiple Access)と呼びますが、データ送出時に伝送路が使用中でないかを確認する必要があります。この動作をキャリアセンス(Carrier Sense:信号検出)と呼び、バスが使用中の場合は空くまで待っていなければなりません。

　誰もバスを利用していない場合はフレームを送出できますが、2台以上のホストが同じ瞬間にデータを送信してしまうことも考えられます。このとき、データの衝突が発生してしまいます。衝突を検知することをコリジョンデテクション(Collision Detection)と呼びます。

　以上を組み合わせたCSMA/CD(Carrier Sense、

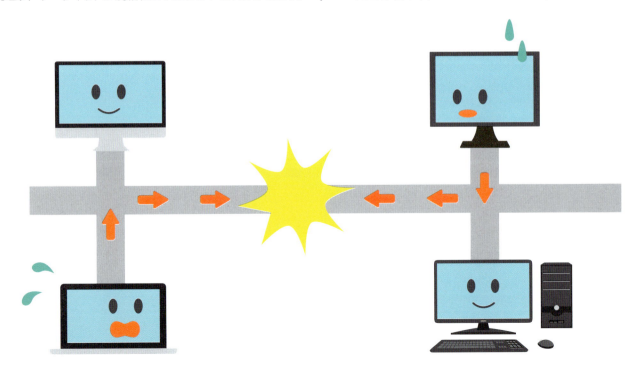

Multiple Access、Collision Detection)方式が初期のイーサネットで利用されました。現在は通信効率の悪いCSMA/CDはあまり使われません。

データの衝突

共有バスを利用している複数のホストが同時にデータを送出すると、電気信号の衝突が起こります。糸電話で両者が話すと、音波が糸の上でぶつかってしまうようなイメージです。

ホストは異常な信号を検知して衝突が起きたと判断し、他のホストにそれを知らせるために専用のジャム信号と呼ばれるものを送ります。リピータハブ内で衝突が起きた場合、リピータハブがすべてのポートにジャム信号を送ります。この信号によって他のホストも衝突が発生したことを認識し、一旦データを送出するのを停止します。その後、ランダムな時間待ってから再送出します。

イーサネットには送受信が同時に可能な全二重通信と送受信が同時に行えない半二重通信がありますが、コリジョンは半二重の場合だけ発生します。

1000BASE-T、100BASE-TX、10BASE-T

イーサネットの規格は、たとえば1000BASE-Tでは通信速度が1000Mbpsでツイストペアケーブルを使う、というように速度とケーブル種別による表記規則があります。

最初の10、100、1000という数字は、転送速度を表しています。Mbps(メガ・ビーピーエス：メガビット毎秒)という単位に相当します。

次のBASEという表記はBasebandの意味で、これは1つのケーブルで1つの信号だけを伝送する方式です。

これに対して、BROADという表記もありますが、あまり使われません。こちらはBroadbandの意味で、1つのケーブルで複数の信号を伝送する方式です。

最後の部分ですが、2種類あります。1つは数字のパターン。これはケーブルとしては同軸ケーブルを使っています。この数字はケーブルの最大長を示していて、100m単位になっています。

もう1つはアルファベットのパターン。これは利用するケーブルの種類を示しています。"T"であればUTPケーブル、"F"であればFiber、つまり光ファイバーケーブルを利用しているということがわかります。光ファイバーケーブルを使う場合、伝送可能な距離に応じて"SX"、"LX"、"ZX"という表記も使われます。

10BASE-T

100BASE-T

1000BASE-T

無線LANのしくみ

無線LAN（Wi-Fi）で利用される通信方式であるCSMA/CAについてまとめます。
無線LANの接続には十分な無線電波強度と認証が必要になります。
またアクセスポイントとクライアント間で同じ無線LAN通信プロトコルに対応している必要があります。

CSMA/CA

イーサネット（IEEE802.3）の媒体アクセス制御方式はCSMA/CDですが、IEEE802.11の無線LAN規格ではCSMA/CAと呼ばれる方式が用いられます。CSMAにより複数端末で共有している無線帯域を誰かが使っていないかを信号検出します。

イーサネットではデータ送出時に衝突を検出（コリジョンデテクション）し、衝突があればランダムな時間待機をしてから再送します。一方、無線LANの場合は、信号検出時に別端末がデータ送出中であると判断したとき、その端末の送出終了後にランダムな時間待機をしてからデータを送信します。これをコリジョンアボイダンス（CA：衝突回避）と呼びます。送出終了直後にデータを送信すると、衝突が起きる可能性があるためです。

イーサネットでは、衝突時に発生する異常な電気信号により衝突検知できますが、無線の場合は電気信号が発生しないため、CSMA/CDではなくCSMA/CAが使われます。

アソシエーション

無線LANを使ってパソコンをインターネットや有線LANに接続する場合、無線LANアクセスポイントと接続する必要があります。アクセスポイントへ接続する処理をアソシエーション（association）と呼びます（または「アソシエートする」と表現します）。アソシエーションを行うには、パソコンの無線LANアダプタが有効に動作していなければなりません。

無線LANでは、パソコン（クライアント）は複数のアクセスポイントと接続することができます。目的のアクセスポイントと接続するために、パソコンにESSID（SSID）を登録します。パソコンはSSIDが一致するアクセスポイントとしか接続されません。

アクセスポイントからは、ビーコン（Beacon）と呼ばれる制御信号が定期的に発信されています。クライアントはビーコンからSSID、利用可能な無線伝送速度、無線チャネル番号といった情報を取得することができます。

クライアントは、アソシエーション要求フレームをアクセ

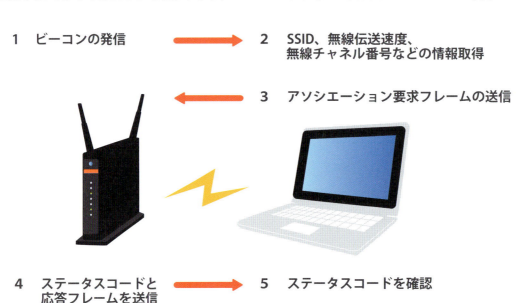

1　ビーコンの発信　→　2　SSID、無線伝送速度、無線チャネル番号などの情報取得

3　アソシエーション要求フレームの送信

4　ステータスコードと応答フレームを送信　→　5　ステータスコードを確認

スポイントに送信します。アクセスポイントはその返信として、クライアントにステータスコードとともにアソシエーション応答フレームを送信します。

クライアントは、アクセスポイントからのステータスコードを確認し、"successful"であれば成功、それ以外であれば失敗と判断します。"successful"の場合、アクセスポイントからAssociation ID（AID）と呼ばれる識別子がクライアントに付与されます。

無線LAN認証を行う場合、認証が成功してからアソシエーションが行われます。

アクセスポイントにおける認証

意図しないユーザをアクセスポイントにアクセスさせないために、認証を行います。

最初の無線LAN規格であるIEEE802.11では、「オープンシステム認証」と「共有鍵認証」の2つが規定されています。

クライアントからユーザ名やパスワードといった認証情報を使わずにアクセスポイントに認証要求を行い、誰でも無線LANアクセスポイントとアソシエーションが行える方式をオープンシステム認証と呼びます。これは主に公衆無線LANで使用されます。

アクセスポイントとクライアントに同じパスワード（事前共有鍵）を設定して認証します。このパスワードを知らないクライアントはアソシエーションができません。

Column: 市販されている無線LANアクセスポイントの使用方法

1. 無線LANアクセスポイントを購入し、箱から取り出す

2. Internet（またはWAN）ポートに有線のイーサネットケーブルを接続する。このイーサネットケーブル経由でインターネットにアクセスできる前提。

3. 電源を入れて、アクセスポイントが起動されたことを確認。

4. パソコンやスマートフォンなどでWi-Fi接続をオンにする。アクセスポイントのシールや説明書に記載されたSSIDが表示されることを確認。

5. SSIDを選択し、パスワード（WPA2-PSK）を入力する

SSID	abc12345
セキュリティキー	•••••

インターネットの階層　TCP/IP

TCP/IPは、インターネットのプロトコルの集まりです。
OSI参照モデルに対応しており、インターネットの階層モデルと言えます。
インターネットが普及した現在では、TCP/IPに対応したネットワークが一般的になりました。

TCP/IPとは？

TCP/IP（ティーシーピーアイピー）とはインターネットで使われる標準規格をまとめたものです。標準規格はIETFという団体によるRFCで公開されています。関連規格としてIEEEによるIEEE802シリーズなどがあります。

TCP/IP階層モデル

インターネットで使われるTCP/IPは4つの階層からなっています。

下位のネットワークインタフェース層は、OSI参照モデルの物理層とデータリンク層に対応します。この階層ではIEEE802のLAN規格やRJ-45のコネクタの規格などが当てはまります。

上位のアプリケーション層では、OSI参照モデルの3つOSIの階層に対して、TCP/IPでは1つの層で対応付けられています。

IPの位置付け

LANはOSI参照モデルの第2層までの動作をします。LANとLANを相互接続するには、ルーターが必要です。つまり、第3層の動作が必要です。

この動作を行うのがIPの役割です。IPとはInternet Protocol（インターネットプロトコル）の略です。インターネットとは19ページで紹介したようにネットワークを相互接続する、という意味です。IPを用いるとLANという組織単位のネットワークを相互接続することができるようになります。

OSI参照モデル	TCP/IP	対応する主なプロトコル
アプリケーション層	アプリケーション層	SNMP、HTTP、FTP
プレゼンテーション層		
セッション層		
トランスポート層	トランスポート層	TCP、UDP
ネットワーク層	インターネット層	IP（IPv4、IPv6）
データリンク層	ネットワークインタフェース層	MAC、LLC
物理層		IEEE802.3 / IEEE802.11

■TCP

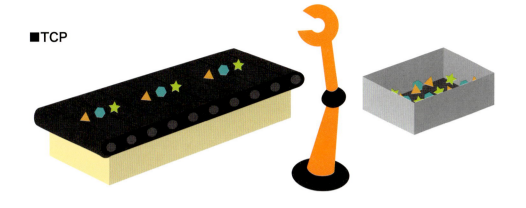

■UDP

TCPの位置付け

　TCPはTransmission Control Protocolの略で、OSI参照モデルの第4層であるトランスポート層のプロトコルです。アプリケーションに対して信頼ある通信を提供します。

　TCPはデータが転送される前に送信側と受信側の間で接続が確立される、コネクション型と呼ばれるプロトコルです。コネクション型通信の例として電話があります。送信側が電話をかけ、受信側が受話器を取って初めて接続（コネクション）が確立され、その後通話が開始されます。コネクションが確立されると、受信側で来るはずのデータが来ないときにもう一度送信側に送らせたり、データが送られてくるスピードが速い場合や回線が混み合ったときにもう少し送信を遅くするように制御したり、さまざまな処理を行うことができます。

　アプリケーション層のデータをセグメントという単位に分割して送信するため、シーケンス番号という番号を使ってデータ送信の順番を制御するのもTCPの特徴の1つです。

UDPの位置付け

　UDPはUser Datagram Protocolの略で、TCPと同様にOSI参照モデル第4層のプロトコルです。

　TCP/IPでは、TCPの代わりにUDPを用いて通信されることがあります。

　UDPはTCPのようにコネクションを確立したり、シーケンス番号を使ってデータの順番を制御したり、データ転送速度を変更するようなしくみをいっさい持っていません。

　UDPを使う理由は早く手軽にデータを送受信することです。ただしUDPは何も制御しないので、データが紛失していようが、順番が入れ替わっていようがおかまいなしです。そのため、上位層であるアプリケーション層、つまりパソコンに入っているアプリケーションソフトなどでその処理を代わりにやってあげる必要があります。UDPは信頼性よりも、リアルタイム性が要求されるアプリケーションに向いています。IP電話の音声を送信するRTPプロトコルや、通信機器の障害を通知するSNMPプロトコルなどは、即時性を要求されるためUDPによって制御されます。

世界唯一の番号 MACアドレス

MACアドレスはネットワークインタフェースを特定するための世界唯一の番号です。
LAN内の通信で、相手を特定するための住所となります。
IPアドレスは自由に変更できますが、MACアドレスは変更できません。

MACアドレスによる識別

　MACアドレスは、LANに接続される機器のインタフェースを識別する住所です。MACというのは、"Media Access Control（メディアアクセスコントロール）"の略で、通信データの読み出しや書き込みを制御するためのアドレス、という意味です。

　ネットワークのデータが出入りするNIC（28ページ参照）には、それを識別するための住所が割り当てられています。あて先の住所を書かなければ郵便が届かないように、ネットワークの世界でも相手の住所がわからなければ通信することができません。

　どのNICにもMACアドレスという住所が書き込まれています。MACアドレスはハードウェアアドレスや物理アドレスとも呼ばれ、世界中どのパソコンのNICを見ても同じものは存在しません。

　MACアドレスは工場で機器が製造されたときにNICのROMに書き込まれ、あとから変更することができません。

MACアドレスの構成

　MACアドレスは48ビットの数値で、140兆通り以上を表すことができます。

　MACアドレスは"1a:ed:3C:00:12:34"のように、16進数を":（コロン）"で区切って表現します。

　MACアドレスは2つの部分に分かれていて、最初の24ビットをベンダコード（またはOUI）、次の24ビットを固有番号と呼びます。

　ベンダコードはNICを製造したメーカーの識別番号です。パソコンやルーター、スイッチなどを製造している会社にはベンダコードが割り当てられており、MACアドレスの上位24ビットを見ればどのメーカーが作ったNICかがわかります。

　固有番号はメーカーが個別に割り当てる番号です。

ベンダコードの例

ベンダコード	ベンダ名
00-00-0C	シスコシステムズ
00-00-4C	NEC
00-03-47	Intel
00-A0-DE	YAMAHA
00-AA-00	Intel

MAC アドレス

MACアドレスの働き

　LANで2つのパソコンが通信するとき、送信者のパソコンのインタフェースに設定されたMACアドレスを送信元MACアドレス、受信者のパソコンのインタフェースに設定されたMACアドレスをあて先MACアドレスとしてイーサネットフレームに設定します。

　LANを構成するスイッチは、どのポートにどのMACアドレスを持ったパソコンが接続されているかを記憶していきます。イーサネットフレームのヘッダ情報を参照して、スイッチは正しいあて先へフレームを転送します。

　パソコンの利用者はMACアドレスを意識する必要はなく、IPアドレスを使ってあて先を特定します。

MACアドレスとIPアドレス

　パソコンやアプリケーションでは、IPアドレスで通信機器を特定します。IPアドレスはIPパケットのヘッダに設定され、イーサネットフレームのデータ部に格納されます。

　IPアドレスは通信するホスト間で利用されるのに対し、MACアドレスは同一のデータリンク層ネットワーク（サブネット）内部でのみ利用されます。そのためサブネットをまたぐ通信では、あて先IPアドレスは変わりませんが、あて先MACアドレスはサブネットごとに変わっていきます。

　IPアドレスにもMACアドレスにもブロードキャストアドレスという特別なアドレスがあり、これを利用するとサブネット内のすべてのホストをあて先にすることができます。

MACアドレスの管理組織

　MACアドレスはIEEE（アイトリプルイー）によって管理されています。

　IEEEの正式名称は"The Institute of Electrical and Electronics Engineers, Inc."で、アメリカに本部がある世界最大の電気電子関係の技術者組織です。世界160カ国に40万人以上の会員を擁する非営利団体です。

　IEEEはイーサネットの規格であるIEEE802.3や無線LANの802.11など物理層、データリンク層に関するプロトコルをIEEE802シリーズとして標準化しています。IEEEはネットワーク以外にもバイオや航空などさまざまな技術分野で指導的な役割を担い、標準化を行っています。

　MACアドレスのベンダコードを取得したい場合はIEEEに申請する必要があります。ベンダコードはOUI（Organizationally Unique Identifier）が正式名称で、申請時には登録費、申請翌年以降は年間管理料を支払う必要があります。

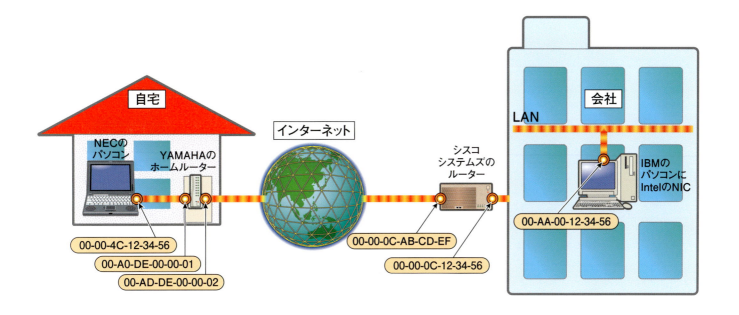

ネットワークの住所 IPアドレス

IPアドレスによって通信対象のコンピュータの位置が特定できます。
IPアドレスはそれぞれのコンピュータに手動または自動で設定します。
ここではIPアドレスのしくみや特徴を紹介します。

IPアドレスによる識別

IPアドレスは異なるネットワーク間の通信において、ルーターやホストを識別するための住所です。

MACアドレスとは異なり、NICにあらかじめ書き込まれてはいません。

IPアドレスのようにネットワーク層で制御されるアドレスを論理アドレスと言い、このようなアドレスはネットワークの状態に合わせて、好きなように設定できます。

IPアドレスは32ビットの2進数です。通常、"192.168.14.2"のように、ドット(.)を使って4つのブロックに分けて書き表します。このようにすると、人間が見てもわかりやすいからです。

この1つのブロックが2進数の8ビット分に相当し、10進数の0～255までを使って表されます。

ちなみに、"192.168.14.2"を2進数で表すと、"11000 0000 1010 1000 0000 1110 0000 0010"となり、非常に見づらいです。

大規模ネットワーク用（クラスA）
ネットワーク部（8ビット） / ホスト部（24ビット）
0.0.0.0 ～ 127.255.255.255

中規模ネットワーク用（クラスB）
ネットワーク部（16ビット） / ホスト部（16ビット）
128.0.0.0 ～ 191.255.255.255

小規模ネットワーク用（クラスC）
ネットワーク部（24ビット） / ホスト部（8ビット）
192.0.0.0 ～ 223.255.255.255

サブネットマスク

IPアドレスはサブネットマスクという値とペアになって表現されます。この値もIPアドレスと同様に32ビットの2進数で、"255.255.255.0"のようにドットを使って、4つのブロックの10進数で表します。

もともとインターネットの世界には、大規模、中規模、小規模と、3種類の大きさのネットワークしかありませんでした。その後、この3種類のネットワーク配下に下位（サブ）のネットワークを作って、もっと柔軟にネットワークの大きさを決めることができるようにしました。このサブのネットワークをサブネットと言います。3種類しかなかったネットワークを分割するために作られたのが、サブネットマスクです。

サブネットマスクはIPアドレスと違って、2進数で見たとき、必ず1の連続で始まり0の連続で終わります。つまり、"11110000"はあっても、"10011010"のような1と0が連続していない値はありません。

IPアドレスの管理組織

一般のインターネット利用者がIPアドレスを取得するには、まずISP（インターネットサービスプロバイダ）から割り

もとのアドレス

| ネットワーク部 | ホスト部 |

サブネットを使ってネットワーク部を拡張する

| ネットワーク部 | サブネット部 | ホスト部 |

| ネットワーク部 | サブネット部 | ホスト部 |

| ネットワーク部 | サブネット部 | ホスト部 |

当ててもらいます。世界唯一のアドレスを取得するには費用がかかります。

日本のISPは、JPNICによって割り振られたIPアドレスを取得します。世界全体で見ると、ICANNという組織がIPアドレスを管理しており、InterNICと呼ばれる団体が割り当ての実作業を行っています。InterNIC配下にアジア地域を管轄するAPNICがあり、JPNICはその中で日本を担当している組織です。

アドレスの割り当て

IPアドレスの設定には、手動で行う場合と自動で行う場合があります。サーバーやルーターなど他のユーザーや機器から参照されるノードの場合、アドレスが変わってしまうと矛盾が発生してしまいます。この場合は、手動によって固定的にアドレスを割り当てます。一方、クライアントの場合すべてのユーザーが一時にネットワークにアクセスしているとは限りません。この場合、アクセスしているユーザーにだけIPアドレスを割り当てると効率的です。このような場合DHCPというプロトコルを使って、ネットワークにアクセスしているユーザーにのみ、IPアドレスを自動的に割り振ります。

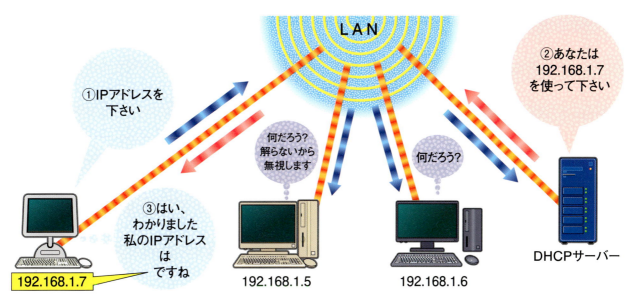

新しいIPアドレス IPv6

現在主に利用されているIPはIPv4ですが、次世代IPであるIPv6の普及も進んでいます。IPv4で利用できるIPアドレスは数量が不十分で、枯渇が心配されています。この問題を解決するために考え出された技術が、IPv6です。

IPv4とアドレスの枯渇問題

現在広く利用されている、32ビットのアドレスを用いるIPはIPバージョン4（IPv4）と呼ばれるものです。32ビットで表現できる数は約43億個です。一部のアドレスは特殊な用途に予約されていて、残りの約30億個を一般に割り当てることができます。

30億という数は世界の人口より少なく、世界中の人が1人1台のパソコンを使って同時にインターネットにアクセスすることができないという現状です。

このため、個人や企業が自由に取得できるIPアドレスの数は限られています。プライベートアドレスと呼ばれる、イントラネット内部で自由に使えるアドレス範囲を利用したり、IPアドレス以外にTCPやUDPのポート番号を併用してノードを特定するNATという技術を利用したりして、一時的にIPv4アドレスの枯渇を防いでいます（88ページ参照）。

IPv6で変わる世界

IPv4アドレスでは30億という数の限界があります。これは何年も前から議論されていたことで、1995年には最初のIPv6アドレス仕様がRFCとして提出されています。

しかし現状ではうまくIPv4アドレスを利用しているのと、インターネット技術先進国のアメリカでは大量にIPv4アドレスが割り当てられているため、IPv6を積極的に使おうという動きにはなっていません。日本では、割り当てられているIPv4アドレスがそれほど多くないということと、家電メーカーなどが将来、電化製品ごとにIPアドレスを割り当てる計画を立てたりしているということがあり、IPv6の利用推進を図っています。

IPv6ではアドレス領域が大きくなる以外に、IPsec（IP security）を用いたセキュリティ強化、MobileIPと呼ばれる移動通信体を意識した技術などが提供されます。

IPv6アドレスの種類

アドレスの種類	2進数表記	IPv6表記
利用されないアドレス	00…0（128ビットすべて0）	::/128
ループバックアドレス	00…1（128ビット目だけ1）	::1/128
マルチキャストアドレス	11111111（先頭8ビットが1）	FF00::/8
リンクローカルユニキャストアドレス	1111111010	FE80::/10
サイトローカルユニキャストアドレス	1111111011	FEC0::/10
グローバルユニキャストアドレス	上記以外のすべて	-

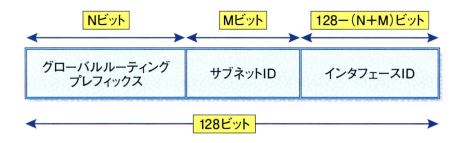

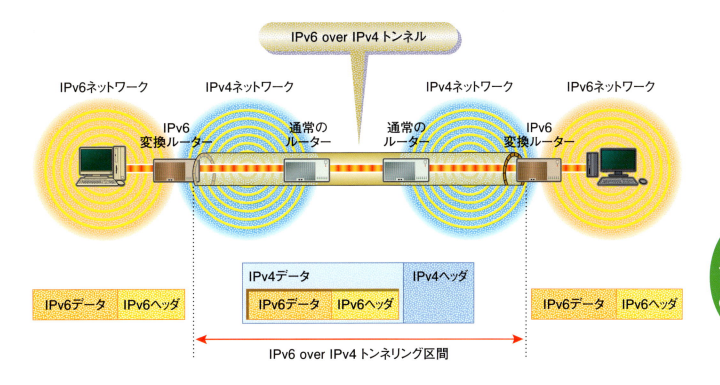

どのようにIPv4とIPv6を統合していくの？

IPv4とIPv6には互換性がありません。ほとんどのIPネットワークがIPv4である現在、IPv6をどのように統合していくかが問題となっています。IPv6ネットワークを利用するには、IPv6を理解できるパソコンやサーバー、ルーターなどのネットワーク機器が必要です。これらを一度にすべて取り替えることは不可能です。そこでIPv4とIPv6を同時に利用できる技術ができました。

○ デュアルスタックホスト

デュアルスタックというのは2つのプロトコルを動作できる、という意味でIPv4とIPv6の両方をサポートするホストをデュアルスタックホストと呼びます。

まだIPv4ネットワークも多く使われる初期のIPv6環境では、IPv4しかサポートしないホストとも通信する必要があるため、両方のプロトコルをサポートするホストが必要です。

○ IPv6 over IPv4トンネル

IPv6ネットワーク同士を接続したくても、途中のネットワークがIPv4だと、プロトコルが異なるため接続できません。そこでIPv4ネットワーク上では、IPv6パケットをIPv4パケットのペイロード部に載せて転送します。

IPv4ネットワークでは通常のIPパケットとして転送されますが、あて先のIPv6ネットワーク入口のルーターでIPv4パケットのヘッダを取り、ペイロード部のIPv6パケットをあて先まで転送します。

OSのIPv6対応

UNIX系のOSではほぼすべてのアプリケーションでIPv6を使用することができます。

Windowsでは、Windows 2000からオプションでIPv6を利用できるようになり、Windows VistaからはIPv6が最初から搭載されデュアルスタックホストとして動作します。Mac OS XもIPv6対応です。

アプリケーションの識別 ポート番号

ネットワーク通信は、相手のパソコンが特定できただけでは完了しません。
それぞれのデータには対応するアプリケーションソフトがあります。
TCPやUDPでは、アプリケーションを指定するためにポート番号を利用します。

ポート番号による識別

ポート番号は、TCPやUDPを使用するアプリケーションを一意に定める番号です。この値を見れば、アプリケーション層でどのプロトコルを利用するかがわかります。ポート番号は16ビットの値で、0から65535までの範囲です。送信元ポート番号とあて先ポート番号の2つの値が、TCPヘッダやUDPヘッダに設定されます。

IPアドレスを会社の住所とすると、ポート番号は社員名のようなものです。たとえばA社XさんからB社Yさんへ手紙を送るとしましょう。A社からB社までの配達は住所を使って郵便局員が行ってくれます。これはIPアドレスを使いルーターによってあて先のサーバーまで転送することのたとえです。次にB社内で担当者が手紙をYさんまで届けます。会社をサーバーと見立てるとYというアプリケーションにデータを届けたことになります。

識別のしくみ

送信者が通信データを送ると、ネットワーク層のIPヘッダにあるIPアドレスによって、あて先のパソコンが識別されます。識別されたパソコンは、トランスポート層のヘッダにあるポート番号によって、どのアプリケーション（ソフトウェア）を使うのかを決めます。

たとえば、FTPを使ってパソコンからUNIXサーバーにあるファイルを取得するとき、FTPのポート番号である21番が、TCPヘッダのあて先ポート番号フィールドに設定されます。このTCPセグメントをUNIXサーバーが受信すると、サーバー内ではあて先ポート番号を見て、「これはFTPのアプリケーションに渡そう」と判断し、TCPセグメント内のアプリケーションデータをFTPアプリケーションに渡します。

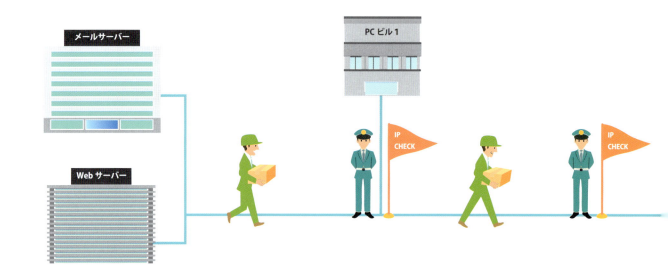

ウェルノウンポート番号

ウェルノウンポート番号は英語でWELL KNOWN PORT NUMBERSと書き、「よく知られたポート番号」という意味です。

ポート番号の0番から1023番が、よく知られたポート番号としてプロトコル別に予約されています。255以下の番号は、インターネット共通のアプリケーション用に古くから予約されていました。その後256〜1023までの範囲で、新しくできたアプリケーション用に予約ポート番号が拡張されました。

ウェルノウンポート番号は、サーバーへのあて先ポート番号として使われます。クライアントはサーバーに通信要求を行うとき、ウェルノウンポート番号以外の値を送信元ポート番号に、あて先ポート番号に受けたいサービスのウェルノウンポート番号を設定します。たとえばFTPであれば21、Telnetであれば23をあて先ポート番号に設定します。

ウェルノウンポート番号の例

ポート番号	プロトコル	説明
20	FTP（データ）	FTPのデータ通信
21	FTP	ファイル転送プロトコル
23	Telnet	Telnetサーバー
25	SMTP	簡易メール転送プロトコル
80	HTTP	ハイパーテキスト転送プロトコル
110	POP3	ポストオフィスプロトコル
123	NTP	ネットワークタイムプロトコル
143	IMAP	インターネットメールアクセスプロトコル
179	BGP	BGPルーティングプロトコル
443	HTTPS	セキュリティ機能つきのHTTP
1512	WINS	Windows名前解決
1723	PPTP	ポイントツーポイントプロトコル

それ以外のポート番号

クライアントからの送信元ポート番号には、1024以上のよく知られていないポート番号が使われます。

1025から10000番の間には、ソフトウェアメーカーなどによって登録された番号もあります。

ポート番号の分類

ポート番号	種類	説明
0〜1023	ウェルノウンポート	プロトコル別に予約されていて、そのプロトコルのサービスを提供するサーバーが利用します。クライアントは普通使いません。
1024〜49151	登録ポート	番号とプロトコルの関係をIANAに登録することができます。クライアントが送信元ポートとして使います。
49152〜65535	ダイナミックポート・プライベートポート	ユーザーが自由に使うことができます。クライアントが送信元ポートとして使います。

ネットワークの経路 ルーティング

離れた場所にあるLAN間で通信を行うには、ルーターを利用します。
ネットワークに経路が複数ある場合は、通信経路を選択する必要がありますが、
これもルーターが判断します。通信経路を選択することをルーティングと呼びます。

● ルーティングとは？

人間が知らない場所へ旅行に行くとき、地図や時刻表を見て目的地までどのように行けばよいかを確認し、旅行計画を立てます。

インターネットの世界でも、ルーターがIPパケットを目的地に正しく届けるために情報収集をして、それをもとに旅行計画を立てます。

ネットワークの世界で旅行計画を立てることを「ルーティング(routing)」または経路選択と呼びます。

簡単に言うとルーティングとは、人間や郵便物、データなどをあるところから別の場所へ移動させるということになります。

旅行計画で立てられた旅行工程を「経路」または「ルート(route)」と呼びます。

● ルーティングテーブル

ドライブするなら道路地図、電車に乗るなら路線図というように、人間は自分の知らない場所へ行くのに地図を参照します。地図を見ながら、目的地へ行くにはこの交差点を右に曲がろうとか、この駅で新幹線に乗り換えよう、などと判断します。

ルーターにもIPパケット転送の判断に使うものがあり「ルーティングテーブル」と呼びます。ルーティングテーブルは「経路表」と訳せます。

ルーターは、入ってきたIPパケットのヘッダにあるあて先IPアドレスとサブネットマスクを見て、あて先ネットワークへ行くにはどのポートから出せばよいのかを、ルーティングテーブルと照らしあわせて判断します。

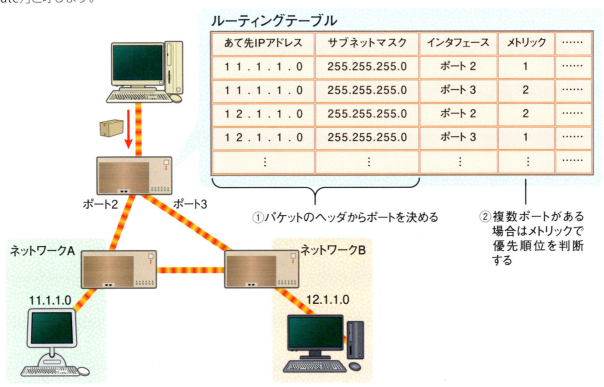

スタティックルーティング

ルーティングテーブルの内容をネットワーク管理者が作成し、あるあて先アドレスを持つIPパケットがどのインタフェースから出て行けばよいかルーターに設定することを、「スタティックルーティング」と呼びます。

このとき作成される経路はスタティックルートと呼ばれます。スタティックルートは、目的のネットワークへ行くには、どのゲートウェイを経由すればよいかを設定します。つまりルーターが知っている経路上の次のアドレスを設定し、どのインタフェースから送出するかを設定します。

ダイナミックルーティング

連結されるネットワークの数が多くなってくると、手動でスタティックルートを設定するのは限界があります。そこで、ルーターに自動的に経路情報を作らせる方法ができました。

この方法を使ったルーティングを「ダイナミックルーティング」と言い、ダイナミックルーティングで使う経路をダイナミックルートと呼びます。

ダイナミックルーティングを行わせるには、管理者がルーティングプロトコルをルーターに動作させる必要があります。

ルーティングのプロトコル

ダイナミックルーティングにはいくつかのプロトコルがあります。ルーティングを行いたい範囲に存在するルーターは同じルーティングプロトコルを使う必要があります。

小規模ネットワーク向けのルーティングプロトコルとしてRIP（Routing Information Protocol）、大規模ネットワーク向けとしてOSPF（Open Shortest Path First）が有名です。

これらのプロトコルは1つの会社や組織のネットワーク内で利用されます。

一方、複数の組織間をルーティングする場合、BGP（Border Gateway Protocol）というルーティングプロトコルが用いられます。

利用するプロトコルによって設定項目も変わってきます。

[Chapter]

4 世界中に広がるネットワークへ

この章ではインターネットへの接続を紹介します。
組織内のネットワークであるLANから、
組織外のLANや公共のネットワークである
インターネットに接続するには、どうすればよいかを見てみましょう。

Chapter 4 世界中に広がるネットワークへ

インターネットの歴史と発展

インターネットは、ARPANETというアメリカの軍事ネットワークを起源としています。その後、アメリカで商用インターネットのサービスが始まり、いくつものネットワークが相互接続されていきました。こうしてインターネットが形成され、今日に至ります。

● インターネットの起源

インターネットは、今から40年ほど前の1969年12月、アメリカの国防総省内にあるARPA（高等研究計画局）という機関が、軍事目的で4つのコンピュータを結んだのが始まりです。

当時アメリカはソ連（現ロシア）と冷戦状態であり、戦争によって軍事システムの一部が破壊されても、別のコンピュータを使ってシステムを停止させないためのネットワーク開発が行われていました。

4つのコンピュータはそれぞれ、カリフォルニア大学ロスアンゼルス校、スタンフォード研究所、カリフォルニア大学サンタバーバラ校、ユタ大学にありました。

ARPAのネットワークということで、ARPANET（アーパネット）と呼ばれました。

● 商用インターネットの始まり

ARPANETができた1969年、アメリカの電話会社AT&Tにより、オペレーティングシステムのUNIXが開発されました。UNIXマシン同士を通信させるためにUUCPというプロトコルが1976年に開発されました。1979年にUSENET（ユースネット）がUUCPを用いて構築され、1987年にはUUNETという会社がUSENETへの商用接続サービスを開始しました。1980年代にはCSNETやNSFNETと呼ばれる、現在の商用インターネット接続サービスのバックボーンとなるネットワークが構築されていきました。

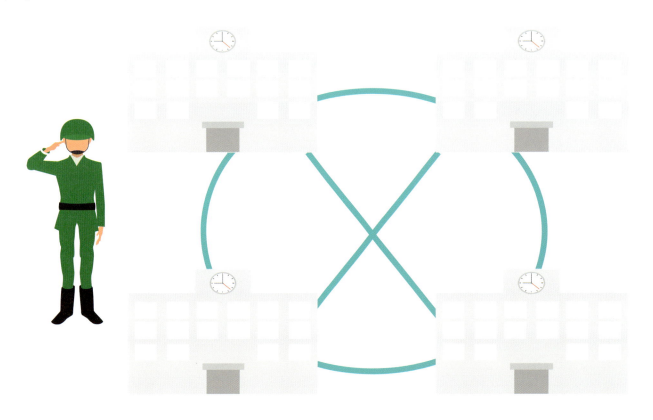

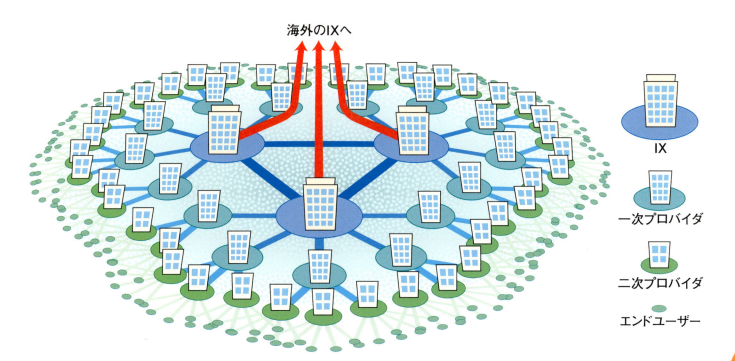

● プロバイダ間の接続

　プロバイダ(ISP)同士が通信データを交換しあう場所のことをIX(Internet Exchangeの略)と言います。

　1980年代に構築されていったインターネットの基礎となるネットワークは、IXを通じて相互に接続しました。今でもインターネットの中核となるネットワーク同士はIXによって接続されています。

　日本ではIXの多くが東京にあり、有名なものとしてはWIDEプロジェクトが運営しているNSPIXPがあります。

　現在はdie-ix(旧NSPIXP-2)、バックアップ用のNSPIXP-3、IPv6用のNSPIXP-6が稼動しています。

　また日本で最初の商用IXであるJPIX、最大規模の通信量があるJPNAPなども、東京を拠点として存在します。

　東京一極集中のIXだとデータ転送に遅延が発生するということで、地方にもIXがあります。

● NICとJPNIC

　インターネットが普及するにつれ、IPアドレスやドメイン名といった値の管理を行う団体も革新されていきました。

　1989年にIANAが設立され、IPアドレスやポート番号など、インターネットで利用される共通の値の管理を行うようになりました。1993年にInterNICが設立され、ドメイン名やアドレス割り振りなどの実務を行うようになりました。InterNICはグローバルIR(Internet Registry)とも呼ばれ、世界全体の登録管理を行います。InterNICの配下に3つの地域IRがあり、さらにその配下にカントリーIRがあります。日本のカントリーIRはJPNICです。日本ではJPNICによってアドレスやドメイン名などが割り振られ、それをプロバイダなどがユーザーに提供するようになっています。

　IANAは1998年にICANNに改組されました。

インターネットの仲介者 プロバイダ

プロバイダは、アクセスポイントの提供などによってインターネットへの接続を仲介します。
また、メールアドレスの発行やWebコンテンツの提供など、
さまざまなサービスを提供します。

プロバイダとは？

　プロバイダはインターネット接続会社のことで、利用者がパソコンやLANをインターネットに接続したい場合、プロバイダと契約する必要があります。

　プロバイダはインターネットに常時つながったサーバーやルーターを管理しており、利用者がダイアルアップ回線やブロードバンド回線（アクセス回線）などを経由して、インターネットにつなぐときの中継役となります。

　プロバイダは、正式にはインターネットサービスプロバイダ（Internet Service Provider、略してISP）と呼ばれます。Providerとは「供給する人」という意味の英語で、ISPはインターネットのサービスを供給する会社という言葉になります。

アクセスポイントとは？

　ユーザーが自宅、会社、外出先などからインターネットに接続するとき、光回線、電話回線、携帯電話のデータ通信回線、公衆無線網などにパソコンを接続します。このような回線をアクセス回線と呼びます。アクセス回線は回線事業者と呼ばれる通信事業者から提供されます。たとえば、NTT東日本やNTT西日本はフレッツADSLやフレッツ光というアクセス回線を提供しています。

　ユーザーはアクセス回線を経由してプロバイダが提供するアクセスポイントに接続することで、インターネットへアクセスできるようになります。

　アクセスサーバーと呼ばれるルーターがプロバイダのネットワークに設置されていて、このルーターが電話網などと接続されています。各アクセスポイントには電話番号が割り振られていて、ユーザーはモデムを使ってその番号まで電話をかけるようパソコンに指示します。

　アクセスポイントは電話線を使ったモデムからのダイアルアップ用、ISDN用、モバイル用などがあります。

　光回線やADSLの場合は最寄りのNTT局舎がアクセスポイ

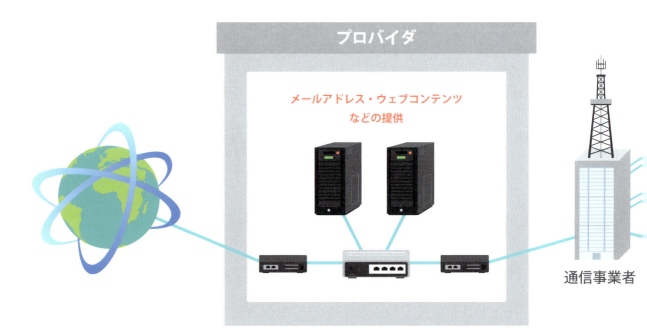

ントとなり、そこから契約したプロバイダのアクセスサーバーまで接続されます。

プロバイダのサービス

プロバイダからはアクセスポイントが提供されます。ダイアルアップでは電話番号が指定され、ユーザー名とパスワードを使ってアクセスします。光回線やADSLではPPPoE接続で電話局（回線事業者）に接続し、その後プロバイダから提供されたユーザーID（@マークでユーザー名とドメイン名が区切られている）とパスワードを入力することで、プロバイダまでのPPP回線が確立します。

アクセスポイント以外にも、プロバイダからメールアドレス、Webサイト開設に必要なユーザーID、ウイルス防御サービス、特別なコンテンツ（Web情報）などが提供されます。これらは無料であったり有料であったりします。

IPアドレスの割り当て

プロバイダは、必要なIPアドレスの範囲をJPNICに申請して、年間維持料を支払って取得します。ダイアルアップユーザーには、アクセスポイントに接続しているときだけ、DHCPを利用してIPアドレスを貸し出します。

VPNや専用線接続を行うルーターなどには、固定的にIPアドレスを割り振ります。この場合、ユーザーはIPアドレスの使用料をプロバイダに支払うことになります。

バックボーン

バックボーンというのは「背骨」という意味でネットワークの中核となる回線のことです。プロバイダ間ではIX（インターネットエクスチェンジ）を接続点としてバックボーン回線が構築されています。

一次プロバイダと二次プロバイダ

IXに接続し、海外のプロバイダとも接続されている大規模なISPを、一次プロバイダと呼びます。一次プロバイダは多くのアクセスポイントを持ち、大企業や個人の利用者にサービスを提供します。一次プロバイダから回線を借りて企業や個人にインターネットアクセスを提供するISPを、二次プロバイダと呼びます。さらに二次プロバイダの配下に、三次プロバイダが地域限定の個人向けサービスなどを行っている場合もあります。

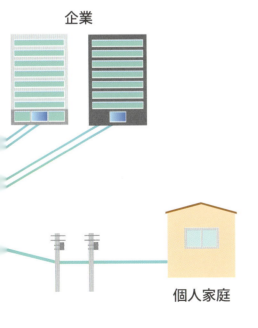

プロバイダのロゴ

LANからインターネットへの接続

LANからインターネットへ接続するにはどのような方法があるでしょうか？
また、企業などではインターネットへ接続するために、どのような環境を整えているのでしょうか？
LANからインターネットへ接続するしくみを見てみましょう。

LANから社外へのアクセス

社内LANから、他の拠点やインターネットなど社外のネットワークにアクセスするには、ルーターによってルーティングさせる必要があります。

社内であればネットワークの機器や配線はすべて自前で購入してネットワークを構築すればよいです。しかし社外へアクセスするとき、通信先の機器は相手の会社などの装置であり、その間を結ぶ回線を自前で用意するのは難しいです。

そこで社外へアクセスする場合は通信事業者（キャリア）と契約して回線を利用させてもらう必要があります。

回線事業者とプロバイダとの契約

回線事業者とは主に自前で回線設備を所持している電話会社などの第一種通信事業者を指します。

また第二種通信事業者と呼ばれる、回線事業者から回線設備を借りてサービスを提供する会社もあります。

NTT東日本やNTT西日本のようにアクセス回線だけを提供する回線事業者を利用する場合、プロバイダとも契約する必要があります。アクセス回線とインターネットアクセスの両方を提供する事業者もあります。

回線は通信速度や提供されるIPアドレスの数によって使用

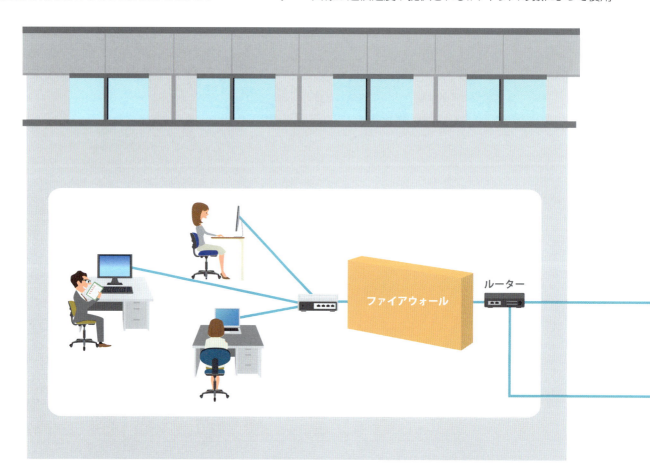

料金が異なり、通常定額制で月ごとに使用料金が決められています。

ルーターによる接続

LANからインターネットに接続する場合、ルーターを設置します。レイヤ3スイッチと呼ばれるルーターの機能を持ったスイッチングハブが使われることもあります。

LANに接続されたルーターはキャリアのルーターとの間でルーティングを行います。ルーターにはいくつかの物理インタフェイスがあり、利用するキャリアのサービスによって決められたものを使います。

小規模の拠点ではダイアルアップ、ISDN、ADSL、光回線など家庭と同様のアクセスサービスを利用します。ダイアルアップやISDNでは、接続した時間だけ料金が必要な従量制課金です。

中規模以上の拠点では、光回線やイーサネット、ADSL、フレームリレー、ATMなど高速な回線が利用されます。

ダイアルアップ接続

小規模拠点では他の拠点と接続する際、必要なときだけダイアルアップで接続する場合もあります。以前は専用線など常時接続のサービスは高価であったため、通信が発生する時間だけ従量課金にするのが一般的でした。最近では光回線やはADSLなど安価に常時接続できるサービスがあるため、こちらを利用して通信費用を抑えることができます。

また、大規模な拠点間でも専用線などメインの回線が切れた場合のために、サブの回線としてISDN網を利用したダイアルアップ接続によるバックアップが利用されます。通常はダイアルアップ回線では通信が行われませんが、メインの回線が切れるとそれを検知して、バックアップ回線にデータを迂回させるようにします。

セキュリティの確保

インターネットにLANを接続する場合、セキュリティを意識する必要があります。インターネットは公共のネットワークであるため、不特定多数のユーザーが利用しています。中にはハッカーやクラッカーと呼ばれる悪意を持ったユーザーもおり、LAN内部の重要なデータが盗聴されたり、改ざんされたりする危険性があります。また、大量の不必要なパケットを送り付けられるような攻撃（DoS攻撃と呼ばれる）によって、システムが停止に追い込まれることもあります。

セキュリティ確保のため、LANとインターネットを接続する場所にファイアウォールを設置するのが一般的です。ファイアウォールは専用機器やサーバーのソフトウェアとして提供される場合が多く、ファイアウォール機能を持っているルーターもあります。

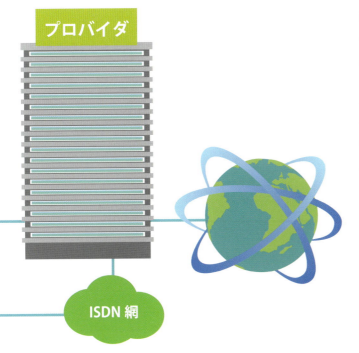

Chapter 4 世界中に広がるネットワークへ

アドレス変換のしくみ

インターネットに接続するには固有のIPアドレス（グローバルIPアドレス）が必要ですが、IPアドレスの数自体が不足しています。そこで、インターネットに接続していない間はプライベートIPアドレスというものを用い、接続する間だけグローバルIPアドレスに変換するしくみが考え出されました。

アドレス変換とは？

プライベートアドレスを振られているネットワークがインターネットと通信しようとするときに、プライベートアドレスをグローバルアドレスに変換する手法のことです。アドレス変換されるプライベートアドレスのことをローカルアドレスと呼ぶこともあります。

グローバルIPアドレス

インターネットで通信するには、世界で唯一のIPアドレスを使用する必要があります。アドレス割り当て機関から割り当てられた唯一のアドレスを、グローバルアドレスと呼びます。

プライベートIPアドレス

プライベートアドレスは、インターネットと接続しない組織内部だけで使うことのできるIPアドレスです。

グローバルアドレスを取得するにはいろいろ手続きが必要で、場合によってはお金もかかります。

また、IPアドレスは32ビットです。つまり、約43億個という限られた数しかありません。これは世界の人口より少ない数です。

やみくもにIPアドレスを取得されてしまうとすぐになくなってしまうため、プライベートアドレスという考え方ができました。

プライベートIPアドレスの範囲

クラスA	10.0.0.0 ～ 10.255.255.255
クラスB	172.16.0.0 ～ 172.31.255.255
クラスC	192.168.0.0 ～ 192.168.255.255

プライベート

グローバル

● NATによる変換

NATはNetwork Address Translation（ネットワークアドレス変換）の略でナットと発音します。

アドレス変換技術の1つで、ルーターやファイアウォールなど、LANとインターネットの境界に置かれた機器にNAT変換テーブルを設定します。LAN内部では、クライアントはプライベートアドレスを用います。インターネット上のサーバーにアクセスするときは、送信元アドレスを設定しておいたグローバルアドレスに変換するようにします。

NATには2種類あり、スタティックNAT（静的NAT）は、プライベートアドレスとグローバルアドレスを1対1に対応させた変換テーブルを用います。この場合、変換テーブルには、LAN内部のクライアントの数だけアドレスの組み合わせが必要になります。

一方、利用できるグローバルアドレスの範囲を変換テーブルに設定し、インターネットにアクセスしたいホストへ、早い者勝ちでグローバルアドレスを割り当てていく方法を、ダイナミックNAT（動的NAT）と呼びます。

● IPマスカレード、PAT

NATでは、IPヘッダの送信元IPアドレスやあて先IPアドレスを対象にアドレス変換を行います。複数のLANユーザーがインターネットにアクセスする場合、ユーザー数だけグローバルアドレスの予約が必要になります。しかしグローバルアドレスを取得するには費用が発生します。そこで、1つのグローバルアドレスでも複数のLANユーザーに対してアドレス変換を行う方法が開発されました。それがIPマスカレードやPAT（Port Address Translation）と呼ばれるものです。

この方法では、複数のプライベートアドレスユーザーを認識するために、TCPヘッダやUDPヘッダにあるポート番号を利用します。

たとえば10.1.1.1と10.1.1.2というアドレスを持ったユーザーをNATでアドレス変換すると1.1.1.1と1.1.1.2という2つのグローバルアドレスが必要になりますが、PATでアドレス変換すると1.1.1.1の10000番ポートと1.1.1.1の10001番ポートという変換になり、グローバルアドレスは1つで済みます。

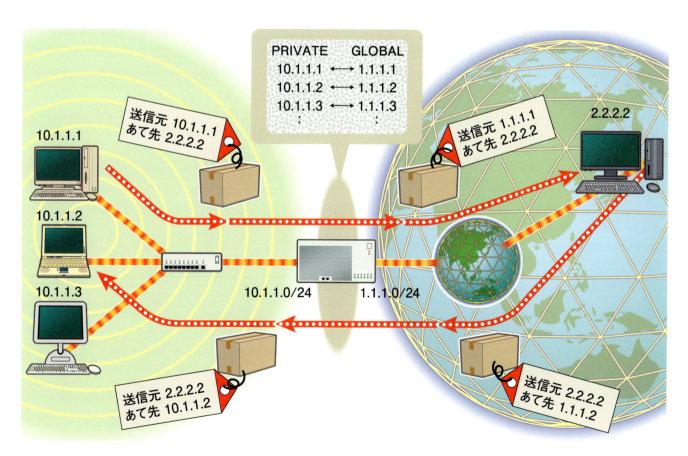

Chapter 4 世界中に広がるネットワークへ

インターネット上の住所 ドメイン

ホームページを見るときURLを入力しますが、"www.gihyo.co.jp/"などといった表記を目にしたことがあると思います。この表記はドメイン名と呼ばれ、インターネットの世界ではIPアドレスとともに、コンピュータを識別するのに用いられます。

ドメイン名とは?

インターネット上に存在するホストやノードの識別には、IPアドレスが使われます。IPアドレスは32ビットの値で、通常"192.168.15.5"のように4つに区切った10進数で表記します。

初期のコンピュータネットワークでは接続される機器の台数も限られていたため、識別子としてのアドレスは数値でもなんとかやっていけました。

しかし多数のネットワークが相互接続されるようになると、通信の対象となる機器が無数になり、とても数値だけで識別しきれなくなりました。そこでホストにアルファベットで識別できる名前を付けることになったのです。インターネットで使われる階層型のホスト名を「ドメイン名」と呼びます。ドメイン名はドット(.)で区切られた英数字で表記されます。

ドメイン名の管理組織

ドメイン名は会社や学校といった組織単位で、1つずつ世界共通のデータベースに登録して使われます。

登録するには、レジストラとよばれる登録業者に申請しなければなりません。

主なgTLD

com	商業組織用 (Commercial)
net	ネットワーク組織用 (Networks)
org	非営利組織用 (Organizations)
edu	アメリカ国内限定教育機関用 (Educational)
mil	アメリカ国内限定軍事機関用 (Military)
gov	アメリカ国内限定政府機関用 (Government)

トップレベルドメイン (TLD) には世界中で国籍に関係なく利用可能なものとアメリカ国内のみで用途制限されるものがあるgTLD (generic Top Level Domain) と、各国に割り当てられるccTLD (country code TLD) の2種類があります。

主なccTLD

jp	日本 (Japan)
kr	韓国 (Korea)
tw	台湾 (Taiwan)
au	オーストラリア (Australia)
us	アメリカ合衆国 (United States)
ca	カナダ (Canada)
uk	イギリス (United Kingdom)
de	ドイツ (Germany)
nl	オランダ (Netherlands)

fi	フィンランド (Finland)
fr	フランス (France)
se	スウェーデン (Sweden)
it	イタリア (Italy)
no	ノルウェー (Norway)
dk	デンマーク (Denmark)
es	スペイン (Spain)
ch	スイス (Switzerland)
br	ブラジル (Brazil)

DNSのしくみ

パソコンをインターネットに接続し、ブラウザにURLを入力して、あるWebサイトを見ようとします。このときパソコンは、URLで指定したホスト名に対応するIPアドレスを、ネームサーバーというサーバーに聞きに行っています。このしくみをDNS（Domain Name System）と呼び、DNSを使ってホスト名からIPアドレスを確認することを「名前解決」と言います。

ネームサーバーによってIPアドレスがはっきりしたところで、WebサーバーにあるWebサイトのコンテンツを見ることができます。

有名なレストランを友達から教えてもらい、予約したいのだけど電話番号がわからない場合、検索サイトにレストラン名を入力して電話番号を調べることができます。しかしどのWebサイトにも電話番号が記載されていなかったら、電話をかけることはできません。これと同じように、ネームサーバーに登録されていないドメイン名は、アクセスしようとしても名前の解決が行われず、たどり着くことができません。

DNSによる名前解決

DNSによる名前の解決はいくつか方法があります。まずクライアント内部の履歴情報を参照して、以前に同じ問い合わせを行っていないか確認します。

履歴情報がない場合は、ローカルDNSサーバーと呼ばれる、クライアントが所属するLANやプロバイダ内にあるローカルDNSサーバーでも名前解決できない場合は、ルートサーバーと呼ばれるサーバーに問い合わせをします。ルートサーバーは世界に13台あり、クライアントにはこのサーバーのアドレスを設定しておく必要があります。

ルートサーバーはすべての情報をもっているわけではなく、次にどのサーバーを参照したらよいかという情報を教えてくれます。DNSは階層化構造になっているドメイン名を解決するため、階層ごとに情報を持つサーバーが分離されています。分離されたサーバーに順番に問い合わせを行う方法を、DNSの再帰処理と呼びます。

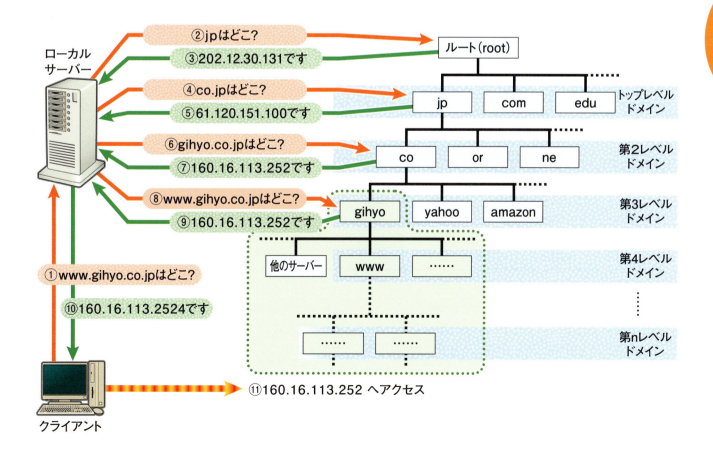

ネットワークの門 ゲートウェイ

インターネットなど、他のネットワークへの出入り口にあたるのが、ゲートウェイです。
ネットワークとネットワークをつなぐにはどのようなしくみが必要になるのでしょうか?
ゲートウェイにはどのような役割があるのでしょうか?

ゲートウェイとは?

ゲートウェイ(Gateway)は「出入り口」という意味の単語で、ネットワークの世界では他のネットワークと接続するための装置を指します。ネットワークの出入り口になるのがゲートウェイです。

他のネットワーク(IPのサブネット)へ通信を行いたい場合、クライアントにはデフォルトゲートウェイのIPアドレスを指定する必要があります。デフォルトゲートウェイはクライアントが所属するネットワーク内にあり、他のネットワークと接続されるルーターです。

ルーティングに関するゲートウェイ以外にも、他ネットワークのホストやノードと暗号化通信を行うVPNゲートウェイやIP電話の呼制御を行うボイスゲートウェイなど、機能によっていろいろ種類があります。

デフォルトゲートウェイ

デフォルトゲートウェイはあて先の不明なパケットが到着したとき、他のネットワークへ転送を行ってくれるルーターのことです。ノードやホストにデフォルトゲートウェイのIPアドレスを設定します。

複雑なネットワークにしないために、他のネットワークとのゲートウェイを1つにしてしまうこともよくあります。このようなネットワークは経路情報を1つにまとめることができたり、ファイアウォールやIDSなどのセキュリティ製品を1つだけ置けばよいという、セキュリティ上の利点があります。

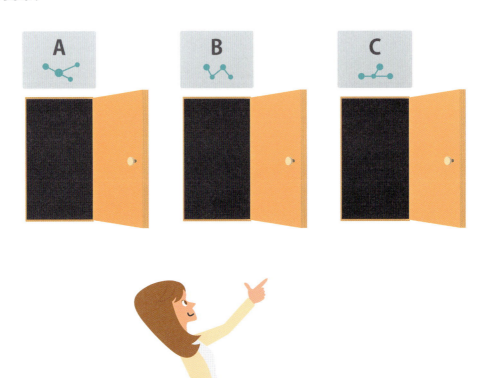

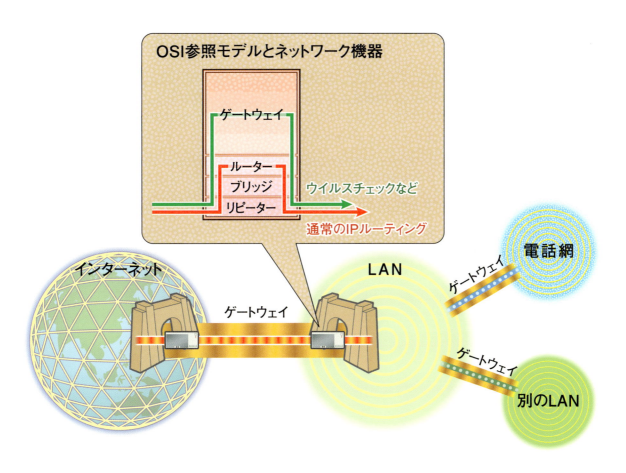

ゲートウェイとルーター

　OSI参照モデルの第1層の処理を行えるネットワーク機器をリピータ、第2層の処理を行えるものをブリッジと呼びます。第3層の処理を行えるものをルーター、そして第4層以上の処理を行えるネットワーク機器をゲートウェイと呼びます。ここで言うゲートウェイとは、ネットワーク上で通信媒体やプロトコルが異なるデータを相互に変換して、異機種間の接続を可能にする機器を指します。このように、以前は「OSI参照モデルの全階層を認識できる機器」という意味で、ゲートウェイという言葉が使われていました。しかし最近は、ルーターやレイヤ3スイッチなどでも第4層以上の処理を行えるものが登場しており、「ゲートウェイ」の機能を「ルーター」という機器が行う、ということが多いです。

　VPNゲートウェイやボイスゲートウェイも、ルーターによるソフトウェアの機能であることが多いですが、その機能に特化した専用装置もあります。

■多様なゲートウェイ機能を提供できるルーター

Chapter 4 | 世界中に広がるネットワークへ

ブロードバンド接続のしくみ

インターネットへの接続は、今やブロードバンド接続が一般的になりました。
ADSLをはじめとするブロードバンド接続には、いくつかの種類があります。

ブロードバンドとは?

インターネットが普及し、さまざまなサービスが提供されるとともに、高速回線による常時接続が一般的になっています。大容量の通信が可能なネットワーク接続を、「ブロードバンド」と呼んでいます。これは広帯域接続という意味です。

2000年代初頭まで利用されていた加入者回線を利用したモデムによる接続は、最大56kbpsでしたが、ブロードバンド接続ではモデムの数十倍から数百倍の速度でインターネット接続ができます。

ADSL接続

ADSLとはAsymmetric Digital Subscriber Lineの略で、非対称デジタル加入線と訳されます。

Asymmetricとは非対称という意味で、ユーザーから電話局までの「上り」とその逆の「下り」の通信速度が同じでなく、上りより下りのほうが速いです。通常クライアントからサーバーへの要求は上り方向でそれほどデータ量がないのに比べ、下り方向のサーバーからクライアントへの応答や要求されたデータの送信は比較的大容量になるため、ADSLはインターネット接続に都合がよいです。

ADSL

ISDN

ダイアルアップ

xDSL

ADSLはDSLと呼ばれる技術を用いています。これは、加入者電話網の電話配線を利用して高速デジタル通信を行うもので、SDSL、HDSLなどいくつかの種類があります。これらDSL技術を総称してxDSL（エックス・デイーエスエル）と呼びます。

xDSLでは、電話で利用されない高い周波数帯域を利用して、高速通信が行われます。

○ SDSL
（Symmetric DSL：対称型デジタル加入者線）

上りと下りが同じ伝送速度のDSLで、上りでも大容量・高速通信が可能です。インターネットアクセスはもちろん、LAN-to-LAN接続などに適しています。銅線が2本である2芯の電話線を使い、上下とも128kbpsから2.3Mbpsの速度です。最大速度における最大伝送距離は約4kmで、音声の同時伝送はできません。

○ HDSL
（High-bit-rate DSL：高速デジタル加入者線）

上りと下りが同じ伝送速度のDSLで、4芯の電話線を利用します。安定した通信速度で伝送距離を伸ばすことができ、最大速度における最大伝送距離は約5kmで、音声の同時伝送はできません。通信速度は上下とも128kbpsから1.5Mbpsです。

○ VDSL
（Veryhigh-bit-rate DSL：超高速デジタル加入者線）

上りと下りの速度が異なるDSLで、上りは1.5Mbpsから26Mbps、下りは13Mbpsから52Mbpsです。隣接する光ファイバー網までメタルケーブルで接続し、その間、光ファイバー同様の速度でデータ伝送したい場合に適しています。最大52Mbpsの通信速度が出ます（ただし、宅内から光ファイバー網の電信柱までの距離が300m以内の場合）。最大速度における最大伝送距離は約300mで、音声の同時伝送が可能です。

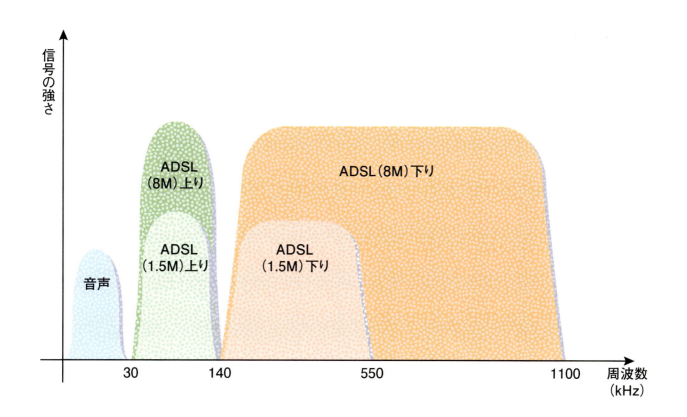

ADSLモデム

　ADSLモデムには、パソコンと接続するLANケーブルを挿すためのRJ-45インタフェイスと、電話回線を接続するRJ-11インタフェイスが付いています。ダイアルアップモデムと同様に、パソコンからのデジタルデータを電話回線で扱えるアナログデータに変換します。

　ADSL事業者によって異なる規格を使っているため、ADSLモデムは事業者からレンタルして利用することが多いです。ADSLモデムを家庭の電話回線端子に接続する際、スプリッターと呼ばれる装置を用いて、電話向けの音声信号とADSLモデム向けのデータ信号に分離します。

　電話局舎側にもスプリッターが配置されていて、音声とデータの分離を行っています。

PPPoE

　PPPoEはPPP over Ethernetの略で、イーサネット上でPPPのようなダイアルアップ接続を行うプロトコルです。

　PPPを利用すると、ダイアルアップを行ったときに、クライアントとアクセスサーバーの間で通信セッション（データリンク）を確立します。このときユーザー名とパスワードの確認、IPアドレスの割り当てなどが行えるようになります。

　PPPoEでも同様の処理が可能になり、ADSLや光回線など常時接続サービスからも認証を行って、接続プロバイダを変更することができるようになります。

　ADSLの場合、電話局舎内のBASとクライアントとの間でPPPoEコネクションが張られます。BASはルーターの一種で、電話局舎から複数のプロバイダのルーターまで接続できるようになっています。

ADSLの接続先

　ADSLを利用する場合、家庭ではADSLモデムがアナログ信号とデジタル信号の変換を行いますが、その接続先である電話局内ではDSLAM（Digital Subscriber Line Access Multiplexer）がADSLモデムの役割をします。1台のDSLAMは数百から数千の加入者を収容できます。

　DSLAMの先にはBAS（ブロードバンドアクセスサーバー）と呼ばれるサーバー（実際にはルーター）が置かれ、家庭のパソコンはBASとの間で通信路を確立し、その先にあるプロバイダのネットワークへアクセスします。

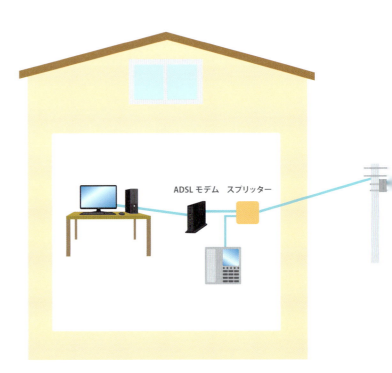

ISDN接続

ISDNはIntegrated Services Digital Networkの略で、総合デジタル通信網と呼ばれます。ITU-Tによって規格化されています。

通信データを流すBチャネルと制御データを流すDチャネルからなり、1つのDチャネルと2つのBチャネルを持つBRIと、1つのDチャネルと23個のBチャネルを持つPRIの2種類の回線があります。1つのBチャネルで64kbpsの通信が可能です。

ISDNは加入者回線網と異なりデジタル信号でデータ通信を行うため、ノイズの影響を受けにくく、1つのBチャネルにつき常に64kbpsの通信速度が得られるという利点があります。また距離による制限もなく、日本全国どこでも利用できます。

ISDNでインターネット接続をするには、ターミナルアダプタとDSUと呼ばれる装置が必要です。

CATV接続

ケーブルテレビは、山間やビル陰など電波障害に影響されにくい共同受信施設で、地上波や衛星放送を含む多数のチャンネルを提供しています。

ケーブルテレビでは、テレビ局から加入者宅へ同軸ケーブルや光ファイバーケーブルでテレビ信号を送ります。この信号伝送と同じ方法でネットワーク通信信号をやりとりします。パソコンと接続するにはケーブルモデムと呼ばれる装置が必要です。

ADSLモデムの場合、パソコンへのLANケーブル(イーサネットケーブル)と電話回線との中継を行いますが、ケーブルモデムではLANケーブルとケーブルテレビの同軸ケーブルを中継します。テレビのアンテナ端子に同軸ケーブルを接続します。

家庭からケーブルテレビ局への上り方向で最大1Mbps程度、ケーブルテレビ局から家庭への下り方向で最大30Mbps程度の通信速度を提供します。下り最大320Mbps、上り最大10Mbpsという通信速度をうたったサービスも登場しています。

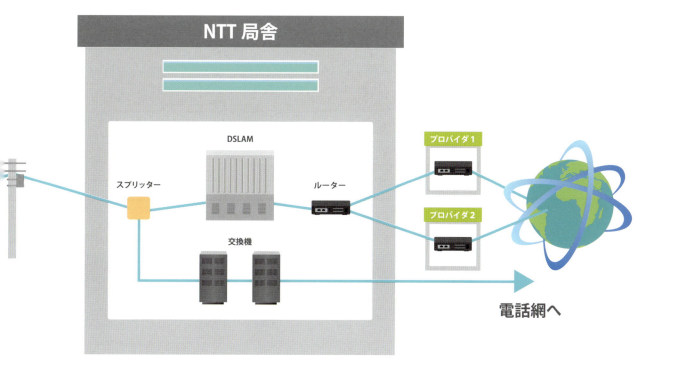

光ファイバーで接続 FTTH

光回線（光ファイバー回線）を利用したブロードバンド接続のサービスが主流となっています。インターネット利用者の家庭から電話局までの光回線が広く整備されています。光回線サービスは各家庭にどのように提供されるのでしょうか？

FTTHとは？

2000年頃まで家庭では、加入者電話回線を利用してインターネットにアクセスしていました。ダイアルアップもADSLも銅線によって信号を伝えます。銅線を使った通信はノイズの影響を受けたり、距離や伝送速度に制限があったり、安定性がなかったりしました。

安定した高速な通信を家庭からも確保するため、LANやWANの中核で利用されている光ファイバーケーブルによって、インターネットアクセスを提供するサービスが主流となっています。光回線の中でも家庭と接続する回線を、光ファイバーが家庭まで届くという意味の「Fiber to the Home」を略して、FTTHと呼びます。

FTTH網の整備は、NTTや総務省によって進められ、2001年よりNTT東日本、NTT西日本では、Bフレッツという名称でサービスが提供されています。また、電力会社や鉄道会社、地方自治体によるFTTH回線の提供も進められています。

ラストワンマイル

家庭からインターネットにアクセスするには、最寄りの電話局やケーブルテレビ局まで接続する必要があります。このように、利用者の自宅からインターネットに直接接続される装置のある場所までの回線を、「ラストワンマイル」や「ファーストワンマイル」と呼びます。最後（最初）の1マイル、ということで、局舎から加入者宅までの距離がだいたい1マイル（約1.6km）以内であるためこのように呼ばれます。

1990年代までラストワンマイルは電話回線の利用がほとんどで、モデムを利用した低速回線での接続と同じ従量制料金でした。1999年のADSLサービス登場後、高速、定額制のサービスも利用できるようになりましたが、通信速度が一定でなく、電話局との距離によって品質が低下するという欠点もあります。

現在は、光ファイバー回線をラストワンマイルで利用する、FTTH網が広く整備されています。

メディアコンバータ

FTTHでは光ファイバーが回線で利用されますが、パソコンはLANケーブル用のインタフェイスしかありません。そのためADSLの場合のADSLモデムのようにLANケーブルと光ファイバーケーブルの仲介を行う装置が必要になります。このような装置をメディアコンバータと呼びます。加入者側のONU、収容局側のOLTはメディアコンバータの一種です。

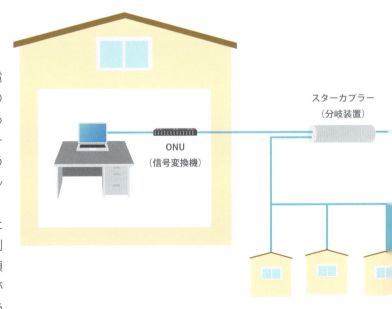

FTTx

光ファイバー回線をある地点まで提供する形態をFTTxと表現し、FTTHなどxにはいくつかの文字が入ります。

○ FTTH(Fiber To The Home)
各家庭まで1本ずつ光ファイバーを引く形態です。

○ FTTO(Fiber To The Office)
ビルなどのオフィスまで光ファイバーを引く形態です。

○ FTTZ(Fiber To The Zone)
電話が多く設置されている地域（ゾーン）まで光ファイバーを引き、その先は通常の銅線で個別に配線する形態です。銅線での配線数は数百〜1000回線程度です。

○ FTTC(Fiber To The Curb)
Curbとは道路の縁石のことで、家庭近くの電柱まで光ファイバーを引き、そこからは縁石経由の銅線で数世帯に配線する形態です。

NTT 収容局

OLT (光回線終端装置) → プロバイダへ

光ファイバーケーブルのコネクタ (Column)

光ファイバーケーブルでは送信用と受信用の2本の光ファイバを使います。

● SC型
SC は Square-Shaped Connectorの略で、NTTによって開発されました。四角い形をしています。幅広く使われています。IEC 61754-4という規格です。

● ST型
Straight Tip connectorの略で、AT&Tにより開発されました。IEC 61754-2という規格です。

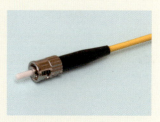

● LC型
Local Connectorの略で、ルーセント社によって開発されました。IEC 61754-20という規格です。

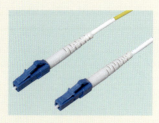

● MTRJ型
送信ケーブルと受信ケーブルが1つの小さなコネクタにまとまっています。このため、たくさんのインタフェイスを狭い面積でまとめられます。MTRJはMechanically Transferrable ferrule Registered Jack style Connectorの略で、IEC 61754-18という規格です。

Chapter 4 | 世界中に広がるネットワークへ

LAN同士の接続のしくみ

企業が本社と支店間など離れたLAN同士を接続するには、
通信事業者が提供する専用線やフレームリレー、ATMなどWANサービスを利用します。
また最近ではインターネットを利用したVPNの利用も多くなっています。

専用線とは？

専用線とは、特定の拠点間でデータ通信を行うため、通信事業者から回線を借り切ったものです。特定の拠点間でしか通信できませんが、料金は定額制で使い放題です。主に企業の本社と支店のLAN間を接続したり、インターネットへの定額接続として利用されます。

専用線にはアナログ専用線、デジタル専用線、高速デジタル専用線などがあります。拠点間の距離や、通信速度によって定額料金が異なります。

アナログ専用線

アナログ専用線は、拠点間で電話回線を貸しきってしまうサービスです。アナログ専用線サービスで利用できる回線には、音声通話だけ利用可能な音声伝送回線と、データ伝送を行う3.4kHz回線に分けられます。3.4kHz回線ではモデムを使ってデータ通信が行えます。ダイアルアップ接続と同様、28.8kbps、33.6kbps、56kbps程度の通信が可能になります。

最近は通信速度の速いデジタル専用線や、VPNサービスを利用するケースが多いです。

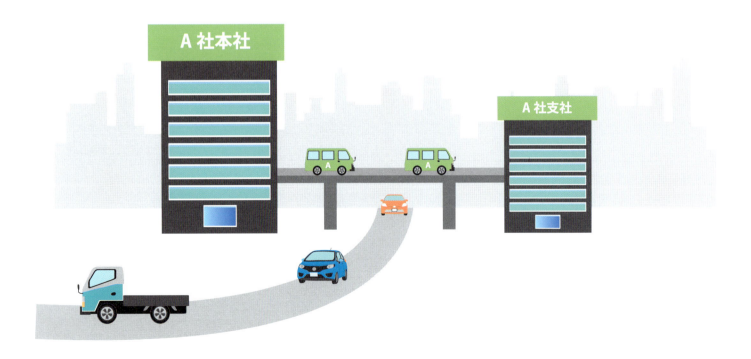

デジタル専用線

主流である高速デジタル伝送サービスは、64Kbpsから6Mbpsの通信速度です。

通信事業者によって提供され、接続する距離や速度によって月額利用料が異なります。

現在専用線と言うと、ほとんどが高速デジタル専用線のことを指します。

専用線の種類

○ T1

高速デジタル専用線で用いられる物理層のプロトコルに、T1（ティーワン）があります。T1はANSI（アメリカ規格協会）によって定められた規格で1.544Mbpsの通信速度を持ちます。

T1はDS1とも呼ばれ、64kbpsの回線を24本束ねたものです。日本や北米でよく使われていて、高速デジタル専用線以外にもNTTの提供する「INSネット1500」など、ISDNの企業向け大容量デジタル通信サービスにも使われます。

○ E1

日本や北米ではT1がよく利用されていますが、ヨーロッパではE1（イーワン）と呼ばれる規格が普及しています。E1は64kbpsの回線を32本束ねたもので、2.048Mbpsの通信速度を持ちます。

○ T3とE3

T1やE1よりも高速なデジタル専用線にT3とE3があります。T3は28本のT1回線を束ねたもので、44.736Mbpsの通信速度を持ちます。E3は16本のE1回線を束ねたもので、34.368Mbpsの通信速度を持ちます。

○ DA

DAはNTTの低価格専用線サービスで、拠点からNTTのアクセスポイントまでの距離が30kmまでに限定されています。通信速度と通信距離によって料金体系が分かれていて、距離は15kmまでと30kmまでの2種類、通信速度は64kbps、128kbps、1.5Mbpsの3種類が提供されています。

アナログ専用線

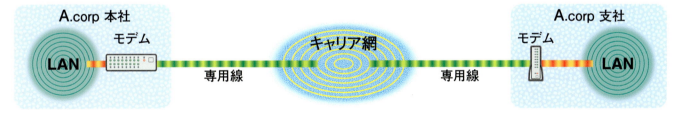

デジタル専用線

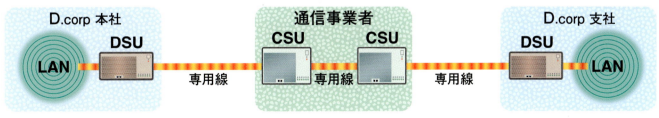

フレームリレーのしくみ

　フレームリレーはデータリンク層のWANプロトコルで、企業のLAN間接続に利用されます。古くからあるパケット交換プロトコル（X.25）の手順を簡単にして、網としては信頼性を落としているのが特徴です。最近の品質のよい回線を使えばノイズの影響とか、回線エラーをあまり考えなくてもよくなったためです。エラー訂正は上位の階層で行っています。

　フレームリレーでは、1つの物理リンクを複数のユーザーで共有します。各ユーザーにはチャネルと呼ばれる仮想回線が提供され、チャネルの通信速度としては64kbpsから1.5Mbpsが主流です。

　フレームリレーには、回線速度の他にCIR（Committed Information Rate）と呼ばれる保証速度があります。回線速度より低い値でCIRが設定され、この値までは転送速度が保証されます。

ATMのしくみ

　ATMはAsynchronous Transfer Modeの略で、非同期転送モードと訳されています。

　データをセルと呼ばれる53バイトの小さな単位に分けることで、通信帯域を有効に利用します。

　ほとんどの通信では、時間を細かく区切ってバスや電車のように一定間隔でデータを送ります。ATMでは時間を気にせず、マイカーでドライブに行くようにデータを送ることができます。

　フレームリレーと同様にチャネルを用いて通信が行われます。

　ATMはセルとしてデータを細かく分けたり再結合したりするのに、かなりの処理を必要とします。そのため通信速度が1Gbps以下で頭打ちになっています。

　それ以上の速度を求める場合、POS（Packet over SONET）やギガビットイーサネットなどを利用することになります。

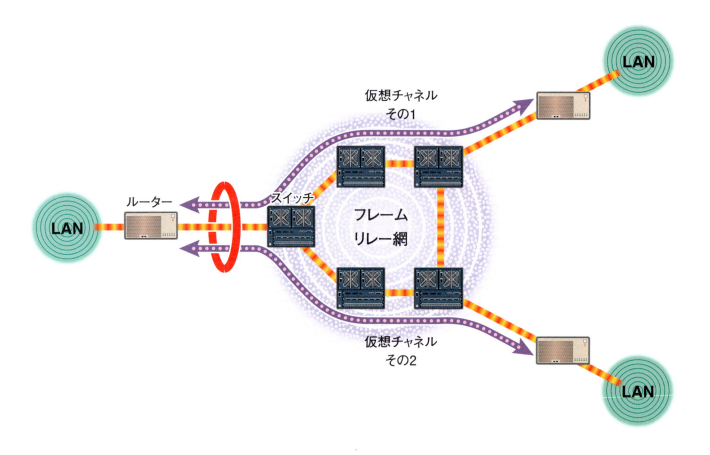

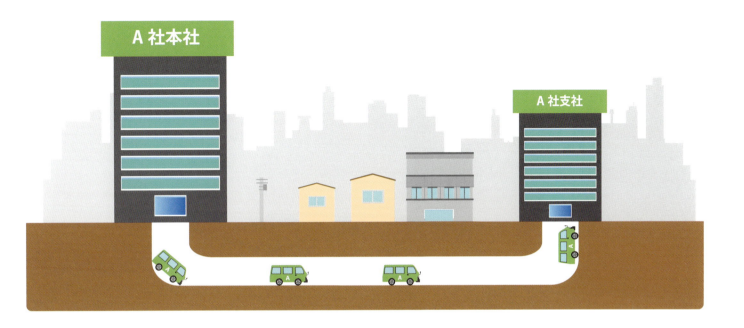

● VPNの利用

　遠く離れたLAN拠点同士を接続する場合、専用線を利用する必要があります。ところがそれらの回線を使わなくても、インターネットを利用すれば、もっと安く遠距離の拠点間を接続することができるのです。

　常時接続型のインターネットアクセスであれば時間を気にすることなく、安価で高速な接続を利用できます。あとは各拠点に市販のVPN装置を置くだけで、簡単に安く広域ネットワークを構築できるわけです。

　VPN装置はルーターやVPN専用機で、ルーティングや暗号化などの処理を行います。

　インターネットを利用して組織内のネットワークを広域化することを、VPN（Virtual Private Network：仮想プライベート網）と呼びます。

　中継回線として、加入電話網やフレームリレー網、ATM網などを使う場合もVPNですが、最近はインターネットを使ったものを指す場合が多いです。インターネットを利用したVPNを特にIP-VPNやインターネットVPNと言うことがあります。

● IPsec

　IPsec（アイピーセック）はIP securityの略で、送信者と受信者間で、インターネット上を安全にデータ転送できるようにするためのプロトコルです。

　インターネットは誰でも接続できる開放されたネットワークなので、会社などで利用されるデータをそのまま流すと盗聴されたり、改ざんされたりする危険があります。

　IPsecを使うと、データを暗号化したり、改ざんされたかどうかをチェックしたりするしくみがあるため、セキュリティを高めることができます。

　IPsecはインターネットVPNでよく利用され、拠点間でIPsecトンネルと呼ばれる論理的な通信路を作り、その中で暗号化したデータのやりとりを行います。通常のインターネット経路を一般道路にたとえると、道路の下に誰にも見えない特別のトンネルを掘って作られた経路にたとえることができます。

Chapter 4　世界中に広がるネットワークへ

モバイルアクセスとリモートアクセス

携帯電話や携帯情報端末を使うと外出先でも簡単にインターネットへアクセスすることができます。さらに外出先や自宅など遠隔地から会社のLANに接続して社内サーバーとデータをやりとりすることも可能です。これはどのように実現されるのでしょうか?

モバイルデバイスからのインターネットアクセス

スマートフォンやタブレットなどのモバイルデバイスは通話だけでなく、インターネットへアクセスしてホームページの閲覧や電子メールの送受信といったデータ通信サービスを利用できます。

日本での携帯電話インターネット接続サービスは1999年2月にNTTドコモがiモードのサービスを開始したのが最初です。当時は9600bpsという通信速度でしたが、現在のLTEや第四世代（G4）の通信規格では下りの最大値が150Mbpsという高速パケット通信が可能です。

従来のモバイル向けデータ通信サービスは通信データ量によってパケット通信料金が従量課金されていましたが、現在は一定の通信量までは定額とするプランが多いです。

モバイルデバイス（携帯端末）

モバイルデバイスには、ガラケーと呼ばれる従来型携帯電話、スマートフォン、タブレットがあります。携帯電話網を利用してモバイルデバイスから通話やインターネットアクセスするには、NTTドコモ、au、ソフトバンクなどの携帯電話事業者（キャリア）と契約する必要があります。契約を行うと電話番号が割り当てられ、その情報が記録されたSIMカードが提供されます。SIMカードをモバイルデバイスに挿入し、モバイルデバイスがキャリアの携帯電話基地局との間で電波交信できるようになると携帯電話網を使った通信が行えるようになります。

スマートフォンやタブレットは主にAppleのiOSまたはGoogleのAndroidのいずれかのオペレーティングシステムが搭載されています。またMicrosoftのWindows 10が搭載されたWindows 10 Mobileも発売されています。

MNP

MNP（Mobile Number Portability：携帯電話番号ポータビリティ）はキャリアを変更してもモバイルデバイスの電話番号は変更せず継続して利用できる仕組みです。「乗り換え」とも呼ばれます。

SIMロック、SIMフリー

日本のキャリアで販売されているモバイルデバイスはSIMがロックされており、販売されたキャリアのSIMカードしか認識しないようになっています。

逆にSIMロックが解除され、モバイルデバイスがどのキャリアのSIMカードでも利用できる状態をSIMフリーまたはSIMロックフリーと呼ばれます。SIMロックされたデバイスは、MNPによりキャリアを乗り換えた場合利用できなくなってしまいます。

MVNO

携帯電話網の基盤をキャリアから借り受け、独自の付加価値を提供する企業をMVNO（Mobile Virtual Network Operator：仮想移動体サービス事業者）と呼びます。現在の国内のMVNO事業者はNTTドコモの通信網を利用しており、NTTドコモのモバイルデバイスやMVNOサービスに対応したSIMフリーのモバイルデバイスが使用できます。大手キャリアと比較して月額利用料金が安く、契約すると提供されるSIMカードを対応するデバイスに挿入して使用します。

携帯電話網経由でのパソコンの接続

外出先でパソコンをインターネットに接続する方法はいくつかありますが、広い範囲で利用できるのは携帯電話事業者のデータ通信サービスです。携帯基地局の電波が到達するエリアであればどこからでもインターネットに接続することが可能です。移動しながらネットワークへアクセスすることを「モバイルアクセス」と呼びます。

データ通信サービスではモバイルルーターまたはスマートフォンのテザリングを使用するか、データ通信カードと呼ばれる装置をパソコンに接続して、携帯電話網経由でインターネットにアクセスします。

データ通信カードにはUSB型、PCカード型、コンパクトフラッシュカード型などの形態があります。

■USB型データ通信カード

■モバイルルーター

■スマートフォン

■タブレット

 Wi-Fi接続

モバイルデバイスはWi-Fi（無線LAN）接続にも対応しており、Wi-Fi接続によるデータ通信はキャリアによる課金の対象外となるため公衆無線LANサービスは空港、駅、喫茶店、ホテルなどに設置された無線LANアクセスポイントを利用したインターネット接続サービスです。通信事業者と契約することで自宅や会社のパソコンを外出先からもインターネット接続することが可能です。

通信事業者とサービスの例として、NTTコミュニケーションズのHOTSPOT、NTTドコモのdocomo Wi-Fi、ソフトバンクのソフトバンクWi-Fi、FREESPOTなどがあります。これらのサービスはIEEE802.11と呼ばれる企業や家庭でも利用される無線LAN規格に準拠します。

WiMAX

2009年からIEEE802.16e規格によるモバイルWiMAX技術を用いた高速モバイルデータ通信サービスがUQコミュニケーションズ社により開始されました。

このモバイルWiMAXサービスでは通信速度が受信時最大13.3Mbps、WiMAX 2+では220Mbpsまたは110Mbpsです。公衆無線LANサービスよりも基地局（アクセスポイント）のカバーエリアが広範囲です。回線の契約を行ってモバイルルーターまたはSIMカードを使用してアクセスします。

モバイルルーター

モバイルルーターは携帯電話網（LTEやWiMAX）のデータ通信サービスを利用した持ち運びができる小型のルーターです。モバイルデバイスと同様にキャリアと契約してSIMカードを挿入すると、携帯電話網を使った無線通信が可能に

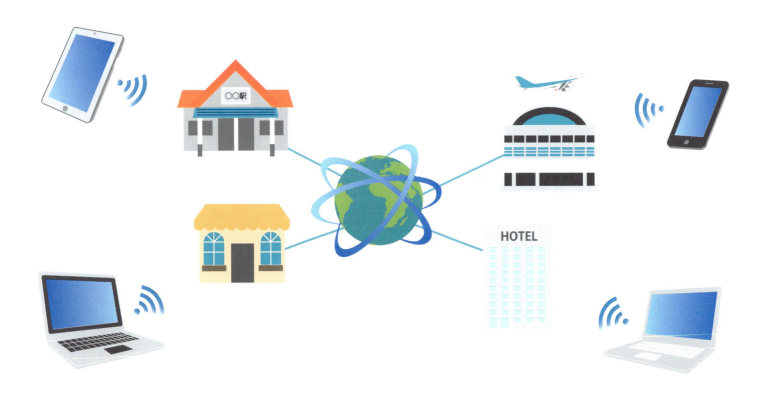

なります。パソコンやスマートフォンなどのデバイスにとっては、モバイルルーターはWi-Fi（無線LAN）のアクセスポイントとして動作します。モバイルルーターに設定されたSSIDとパスワードを使用して、デバイスをアソシエートします（66ページ参照）。複数台のデバイスを同時にアソシエートすることも可能です。モバイルルーターとWi-Fi接続したデバイスはルーティングされ携帯電話網を経由してインターネットにアクセスできるようになります。モバイルルーターが携帯回線サービス県外に移動すると、Wi-Fi接続は維持されますが、携帯電話網を経由したインターネット接続が行えなくなります。料金としては月額課金で、「使い放題」とデータ通信量に上限が設けられた定額制の契約形態がほとんどです。

テザリング

スマートフォン（またはタブレット）をモバイルルーターとして使用し、パソコンなど他のデバイスを携帯電話網経由でインターネット接続させる機能をテザリングと呼びます。デバイスとの接続方法としては、Wi-FiのほかにUSBやBluetoothも利用できます。テザリングを行うとスマートフォンのデータ通信量として課金されます。テザリングを使用してパソコンをインターネットに接続する場合、月間で利用可能な通信量の上限に比較的早く到達してしまうことが考えられます。上限を超えると通信制限がかけられるため、テザリングの利用頻度には気を付けるようにし、緊急時以外はWi-Fiによるインターネット接続が推奨されます。

リモートアクセスIPsec-VPN

自宅や外出先から社内ネットワークにアクセスしたい場合、インターネットを経由したリモートアクセス型のIPsec-VPNがよく使われます。社外にあるパソコンから社内ネットワークへアクセスすることを「リモートアクセス」と呼びます。

パソコンにはIPsec-VPN用のクライアントソフトウェアをインストールしておき、社内ネットワークのゲートウェイに置かれたVPN集約装置との間で暗号通信路を確立します。インターネットにアクセスできる環境であれば、暗号通信路を介して社内ネットワークへ接続することが可能です。

IPsecは暗号化通信プロトコルで、このプロトコルを使って仮想的なプライベート網（社内LAN）を構築することをIPsec-VPNと呼びます。IPsec-VPNはリモートアクセス以外に、複数の拠点をインターネット経由で仮想的に接続する際にも用いられます。

SSL-VPN

SSL-VPNもIPsec-VPNのようにインターネット経由で暗号通信路を使って社内ネットワークへアクセスする手法の1つです。SSL-VPNを使う利点として、社外にあるパソコンにクライアントソフトウェアをインストールする必要がないことが挙げられます。SSLはブラウザによって暗号通信路が確立されるため、専用のソフトウェアが不要なのです。

IPsec-VPN／SSL-VPN

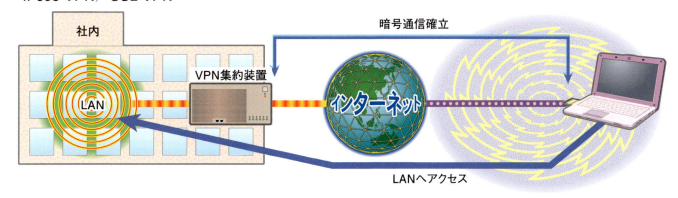

Chapter 4 | 世界中に広がるネットワークへ

通信量のコントロール 帯域管理

ネットワークの通信量は常に一定ではありません。多くの人に利用されている時間帯では、急激に通信量が増え、ネットワークの能力を越えてしまう可能性があります。
ネットワークの通信が混雑してしまう要因や、制御するしくみを説明します。

● データの混雑

ラッシュ時の混み合った電車が駅に到着し、多数の人が改札へ殺到すると自動改札の順番待ちにより長蛇の列ができてしまいます。

通信の世界でも同じように、多数のデータを処理しきれず転送に待ち時間が生じてしまったり、最悪の場合は処理されずにパケットが捨てられてしまったりすることがあります。このようにデータが混み合った状態を輻輳（ふくそう）と呼びます。

● データを優先転送するしくみ

ファイル転送やWebサイトで情報を見るような通信は、多少時間がかかってデータが送られてきても受信完了したデータを正常に閲覧できます。ところが音声やビデオ通信などリアルタイム通信では、時間がかかってしまうと音が途切れたり画像が乱れたりしてしまい、データの把握ができなくなってしまいます。

このようなリアルタイム通信データは、ファイル転送など時間をかけてもよいデータより、優先して送る必要があります。

IPヘッダやMACフレームには、このようなデータの優先制御を行うためのパラメータがあります。このパラメータを認識できるルーターやスイッチは設定された優先度に応じて制御を行い、高い優先度を持ったデータを先に転送するようにします。

通信量の爆発的な増加

一瞬のうちに大量の通信量が発生してしまうことを、「トラフィックバースト」とか「バースト的なトラフィック」と呼びます。バースト（burst）とは爆発的、突発的という意味です。IP通信ではバースト性のある通信が起こりえます。

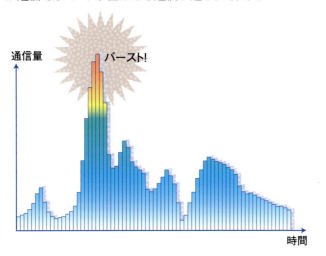

ベストエフォート型の通信

ベストエフォートという言葉は「最善努力」という意味で、通信において最高転送速度が規定されますがその速度は保証されるものではない、というものです。

インターネットはベストエフォートです。送信元からあて先までは多数のネットワーク機器や回線が介されるため、そのすべてで通信データを一定の品質で転送するのはほとんど不可能です。

たとえば送信元のADSL回線で1.5Mbpsの帯域が利用できたとしても、あて先サーバー側のアクセス回線が8Mbpsの帯域しかない場合、同時に10台のクライアントがそのサーバーへアクセスすると、クライアントに使えるサーバー側帯域は0.8（＝8÷10）Mbpsとなり、800kbpsずつしかデータ転送ができないことになります。

ボトルネック

ネットワークはいろいろな要素が複雑に絡み合っているので、これらの要素のどれか1つでも処理能力が落ちると、全体としての性能も落ちてしまいます。全体の性能を落としてしまうような要因をボトルネックと呼びます。ボトルネック（bottle neck）とは「瓶の首」という意味で、細くて詰まりやすいものに由来している言葉です。

ネットワークのボトルネックとしては、たとえば通信経路途中に帯域の狭い回線があったり、処理能力の劣るルーターが設置されていたりすることが考えられます。

ボトルネックは輻輳の要因の1つになります。

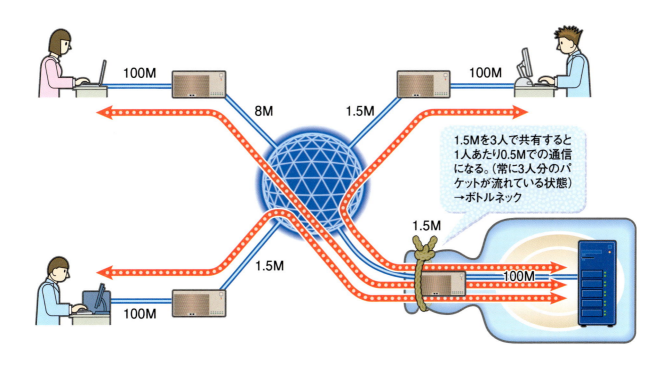

ネットワークの迂回経路 冗長構成

ネットワークはさまざまな機器によって構成されており、1つの機器の故障によって、通信が不能になる可能性もあります。このような事態を避けるため、ネットワークでは迂回経路を用意して、通信の信頼性を高めるしくみがあります。これを冗長構成と言います。

冗長が必要なわけ

ネットワークを構成するノードやリンクが故障しても、他を使って迂回させることをネットワークの冗長化と呼びます。冗長構成にすればネットワークの信頼性が増し、安定した動作が期待できます。

冗長構成には機器の冗長と、経路の冗長の2種類があります。機器の冗長ではスイッチやルーターを並列に2台以上配置し、一方の機器が故障した場合もう一方を使って通信を持続させます。経路の冗長では、送信元からあて先までの経路を1本だけでなく複数本用意しておき、最優先される経路が利用不可能となると、次に優先される経路を用いて通信を続行させます。

冗長経路や機器を増やすほど費用はかかりますが、信頼性が高くなり、故障が起きてもすぐに復旧することができる、稼働率の高いネットワークになります。

ネットワーク機器の冗長構成

機器の冗長は、ホットスタンバイとコールドスタンバイに分類できます。冗長構成で複数用意しておいた機器のうち、実際に動いているほうをアクティブ、普段は動かずにアクティブが故障したときに処理を引き継ぐほうをスタンバイと呼びます。

ホットスタンバイではアクティブとともにスタンバイ機器もネットワークに接続され、アクティブの状態を監視します。アクティブが処理不能となるとそれを感知し、自動で短時間に処理を引き継ぎます。

コールドスタンバイでは、スタンバイ機器はネットワークに接続されません。アクティブの機器が故障したとき、管理者が人的に判断して、人手でスタンバイ機器をアクティブ機器と入れ替えます。

ホットスタンバイのほうが稼働率は高くなりますが、リンクも多く用意しなければならず、高価になります。

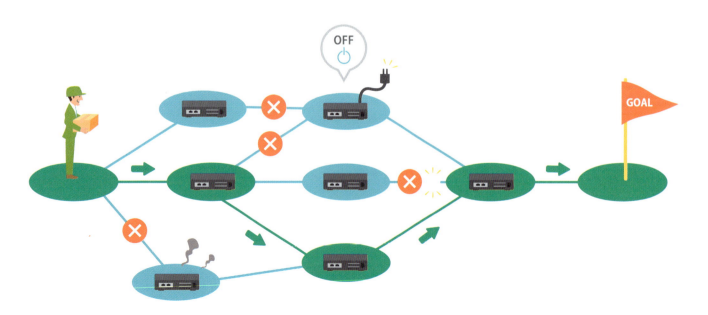

ステートフルフェイルオーバー

　TCPやアプリケーション層のプロトコルでは、通信時にコネクションや通信の接続状態を送信側と受信側のホストで管理します。接続が完了するまで刻々と状態が変化していきます。接続が完了する途中でアクティブ機器が故障しスタンバイに切り替わる場合、通信状態まで自動で切り替える方式をステートフルフェイルオーバーと呼びます。

　ステートフルフェイルオーバーが行えない冗長構成の場合、接続途中で装置や経路の切り替えが発生すると、再度コネクションを張りなおす必要があります。コネクションの張りなおしが発生すると、パスワードが必要な暗号化通信が行われていたときに、もう一度ユーザー名とパスワードを入力して認証しなければならない、などということが発生します。

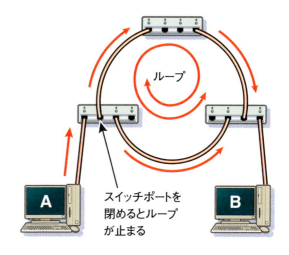
■スパニングツリー

負荷分散のしくみ

　TCP/IPのネットワークでは、利用帯域やサーバー負荷を減らすために負荷分散を行うことができます。ルーティングでは、複数の経路に同一の優先順位を付けておくと、それらの経路を順番に使ってパケットを転送させることができます。負荷分散装置を使うと、クライアントからの大量のサービス要求を、複数のサーバーに分散させることができます。

スパニングツリー

　LANの冗長構成では、ループと呼ばれる輪状の経路ができてしまいます。この経路に入ってしまうと、通信データがいつまでたっても相手に届けられません。そのためスパニングツリーというプロトコルを使って、ループを作らないように経路上の1つのスイッチポートを閉めます。これによりループが途中で切れて、あて先までデータが通過できるようになります。障害が起きてリンクが切断された場合は、スパニングツリーの再計算が行われ、別のポートが閉じられるようになります。

ディザスタリカバリ

　ディザスタリカバリ（Disaster Recovery）とは特に地震や火災など自然災害時に発生する被害からコンピュータシステムやネットワークの障害を素早く復旧、修復する仕組みや体制のことです。日本語では「災害復旧」と呼ばれます。クラウドの利用を含め、データのバックアップやバックアップサイトを準備し、有事の際に迅速に復旧できるようにし、経済的な損失を最小限に抑えるようにします。

事業継続計画

　事故や災害などが発生したときに、どのように事業を継続させるか、どのように目標設定した時間内に事業を再開させるか、対策を行うことを「事業継続計画」やBCP（Business Continuity Plan）と呼びます。現在の企業はネットワークやコンピュータシステム基盤が重要インフラとなっており、自社や取引先のシステムに障害が起きると多大な影響を受けます。災害、機器やソフトウェアの障害、ウイルス感染や不正アクセスへの対処など、ディザスタリカバリを含めた事業継続計画の準備は特に重要です。

Chapter 4 　世界中に広がるネットワークへ

クラウドサービス

サーバーやネットワークの仮想化技術が進み、さまざまなクラウドサービスが利用できるようになっています。クラウドサービスを利用することで費用や利便性で大きなメリットが得られます。一方でセキュリティなどさまざまな障壁により既存のすべてのシステムをクラウドへ移行するにはまだ時間がかかります。

クラウドとは？

　コンピュータシステムやネットワークの世界で「クラウド」という用語は、クラウドコンピューティングを略したものです。パソコンやモバイルデバイスのような端末（エンドポイント）上でアプリケーションを起動してデータの作成や保存を行うのではなく、インターネット上のクラウドサービスとしてアプリケーションが提供されデータの作成、保管、参照などを行えます。これにより、インターネットに接続できればどの端末からでも同じサービス（アプリケーション）やデータが利用可能になります。たとえばWebメールサービスはメールアプリケーションのクラウドサービスといえます。

　下記に詳細を記した通り、クラウドサービスの種類によってユーザー側でサーバー、OS、ソフトウェアなどのインフラを準備する必要がなくなります。一方、従来のようにインフラをユーザー側で所有して運用する形態を「オンプレミス（On-premis）」と呼びます。

パブリッククラウド

　クラウドサービス事業者が提供するクラウドコンピューティング環境を不特定多数のユーザー向けにインターネット経由で提供するサービスをパブリッククラウドと呼びます。

　パブリッククラウド事業者の例としてはAmazon Web Services（AWS）、Microsoft Azure、Googleなどがあります。

112

さまざまなクラウドサービス

○ SaaS

　SaaSはSoftware as a Serviceの略で「サース」と読みます。

　従来のソフトウェアはパッケージ製品として提供され、ユーザーのコンピュータ上でインストールして利用されていました。このようなソフトウェアがプロバイダ（サービス提供者）側のコンピュータ上で稼働されてインターネット経由のサービスとして提供され、ユーザーはサービス料を支払ってソフトウェアの機能を利用する、という形態がSaaSです。SaaSを使用することでユーザーはコンピュータやソフトウェアの導入や管理が不要となり、使用したい期間だけ費用を支払えばよくなります。またデータをインターネット上に保存することができ、パソコン、スマートフォン、タブレットなど端末を選ばずにデータにアクセスできるようになります。さらに複数のユーザーで同じデータを共有したり編集したりすることもできます。SaaSの代表例としてGoogle Apps、Office 365、Salesforce、Box、Dropboxなどがあります。

○ PaaS

　PaaSはPlatform as a Serviceの略で「パース」と読みます。

　ソフトウェアを稼動させるためのハードウェアやOSなどのプラットフォームをインターネット上のサービスとして提供する形態です。具体的にはサーバーやOS、利用できるプログラム言語、データベースなどを含む、開発環境（プログラムの実行環境）が提供されます。

　企業などのユーザーはこの環境を使用してアプリケーションを開発します。たとえばWebメールサービスはSaaSですが、会社独自のメールサーバーを構築したい場合PaaSやIaaSで提供されるサーバーやOSを利用することになります。

　具体的なサービス例として、Google App EngineやWindows Azureなどがあります。

○ IaaS

　IaaSはInfrastructure as a Serviceの略で「アイアース」、「イアース」、「ヤース」などと読まれます。サーバーやネットワーク回線などのインフラを仮想環境で提供するサービス形態のことです。従来はサーバーホスティング事業者によって物理的なサーバー環境を月額課金でレンタルすることができました。IaaSサービスではサーバー仮想化（50ページ参照）技術を使用することで、CPUやメモリ、ハードディスク（ストレージ）などのリソース（資源）が柔軟に提供されるため、ユーザーは必要な分、必要な期間だけインフラを低コストで利用できるようになります。具体的なサービスとしてAmazon EC2やGoogle Compute Engineなどがあります。

○ プライベートクラウド

　クラウド上に自社専用の環境を構築し、社員に対してクラウドサービスを提供することをプライベートクラウドと呼びます。プライベートクラウドには自社データセンターでインフラの構築と運用を行う「オンプレミス型」と、インフラをクラウド事業者からサービスとして提供を受ける「ホステッド型」に分けられます。パブリッククラウドと比較すると、セキュリティポリシーやシステム環境など自社独自の要件をすべて網羅できるという利点がある一方、導入や運用にかかるコストが高くなります。

○ ハイブリッドクラウド

　企業システムの一部をパブリッククラウドによるサービスで運用し、顧客情報など重要データを扱うシステムはプライベートクラウドやオンプレミスで運用する、といったようにサービスごとの提供形態やサービス提供者を組み合わせて利用する形態をハイブリッドクラウドと呼びます。セキュリティ要件に応じてパブリッククラウドとオンプレミスを使い分ける、サービスによってはSaaSのほうが費用対効果やパフォーマンスの面でメリットがある、といった背景からハイブリッドクラウドの形態になっていきます。

[Chapter] 5 インターネットでできること

インターネットを利用するとホームページ（Webサイト）の閲覧や、
メールのやりとりができるようになります。
その他にもいろいろ便利なことが実現します。
これらインターネットのサービスは、どのようなしくみで行われているのでしょうか？

Chapter 5 インターネットでできること

インターネットサービスのしくみ

インターネットを利用するといろいろ便利なことが実現します。
それぞれのサービスは、LANでのサービスと同じように、クライアントとサーバーの
やりとりという形で行われます。インターネットのサーバーとはどのようなものでしょうか？

インターネットでできること

インターネットではどのようなサービスが提供されるでしょうか。初期のインターネットから存在するサービスと言えば、ホームページが閲覧できるWebサービス、電子メールをやりとりするメールサービスがあります。

電子メールを応用したサービスとして、1つのあて先でグループに所属するメンバー全員にメールを送ることができるメーリングリストや、テーマ別に発行され、登録すると定期的に情報を購読することのできるメールマガジンがあります。

その他にも、ファイルの共有、インスタントメッセージでのチャット、動画の閲覧、IP電話によるコミュニケーションなど、他のインターネット利用者との間でさまざまなやりとりを行うことができます。

インターネットサーバー

インターネット上にあるサーバーが、インターネットのサービスを提供します。たとえばWebサービスやメールサービスなどで、サービスごとに専用のアプリケーションソフトウェアがインストールされます。それぞれWindowsやUNIX、LinuxなどのOS上で動作するソフトウェアがあります。複数のソフトウェアがインストールされると、複数のサービスを提供することができます。

サーバーはIPアドレスかドメイン名で特定されます。

メールサーバー

メールサーバーはSMTPやPOPというプロトコルを用いて、ユーザーの電子メールをあて先に転送したり、受信したユーザーの電子メールを保存したりします。ユーザーは、パソコンなどのクライアントにインストールされたメールソフトを利用して、メールサーバーに保存された電子メールを受け取ります。

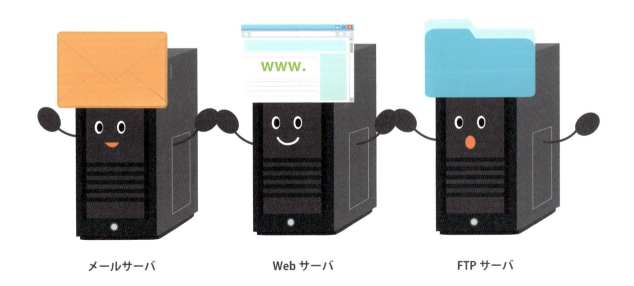

メールサーバ　　Web サーバ　　FTP サーバ

Webサーバー

Webサーバーは、HTTPやHTTPSプロトコルを用いてWebサイトの情報を提供します。

Webサーバーは、ホームページまたはWebページと呼ばれるHTMLファイルやその中で表示させる画像、動画ファイル、CGI（130ページ参照）で使用されるプログラムを保存しており、これらの情報をコンテンツと呼びます。

ユーザーはブラウザを使って、見たいコンテンツのURLを指定します。URLではパスと呼ばれる、サーバーと情報への位置が指定されます。

Webサーバー用のソフトウェアとしては、主にUNIXで利用されるApache（アパッチ）、CERN HTTPd、NCSA HTTPd、Windowsで利用されるIIS（アイアイエス）などがあります。

Column: ホームページの意味

「ホームページ」という用語の本来の意味は、ブラウザが起動したときに最初に表示させるページのことです。それ以外のブラウザで表示できるページは「Webページ」と呼びます。また特定のホスト名やディレクトリ配下のWebページをまとめて「Webサイト」が構成されます。日本ではWebページやWebサイトのことをホームページと呼んでしまっているケースが多くみられます。

FTPサーバー

FTPサーバーはFTP(File Transfer Protocol)を用いてファイル転送サービスを提供します。FTPサーバーには、FTPサーバーソフトウェアがインストールされています。

Webサーバー上でFTPサービスを動作させて、パソコン（クライアント）上で作成したWebコンテンツをFTPを使用してサーバーへアップロードさせる、という使い方がよくあります。

FTPサーバーソフトウェアは市販されていたり、フリーウェアとして無料でインターネットからダウンロードできるので、自分のパソコンにインストールして、他のユーザーへファイルを送ったり受け取ったりすることができます。

またFTPサーバーソフトウェアはTFTP(Trivial File Transfer Protocol)というプロトコルも動作させることができます。TFTPは簡易FTPという意味で、ユーザー認証が必要なく、FTPの複雑な処理手順を簡素化したプロトコルです。

ルーターなどの通信機器では、処理手順の複雑なFTPを動作させることはできませんが、TFTPを使って通信ソフトウェアをサーバーから取得することができます。

クライアントのリクエスト

メールサーバーやWebサーバーなどインターネットで利用されるサーバーのほとんどは、クライアントからのリクエスト（要求）にしたがって処理を行います。リクエストは、クライアントにインストールされているアプリケーションソフトウェアをユーザーが操作することで発生します。たとえばWebの場合、ユーザーがブラウザを立ち上げて、閲覧したいWebサイトのURLを入力するかハイパーリンクをクリックすることで、対応するWebサーバーへの情報取得要求が発生します。

Column: ネットサーフィン

ブラウザでホームページを見るという動作を、「ネットサーフィン」と呼んでいます。この言葉は、1992年にジーン・アーモア・モリーという人が付けたそうです。

波乗りのサーフィンにあやかって、インターネット上を波乗りするように楽しく見て回る、という意味から付けられました。

メール＋Web＋FTP サーバ

Chapter 5 インターネットでできること

インターネットのプロトコル

Webやメールのサービスなど、インターネットを利用してできることは、
アプリケーションプロトコルとしてTCP/IPで規定されています。
ここではどのようなプロトコルがあるか紹介します。

アプリケーションプロトコルとは？

アプリケーションプロトコルは、TCP/IPのアプリケーション層に位置するプロトコルで、TCPやUDPによってアプリケーションに必要なデータがやりとりされます。ここで定義されたアプリケーションに必要なデータはTCPやUDPによってやりとりされます。

インターネットのサービスであるWebサービスやメールサービスなどは、決まったアプリケーションプロトコルを使います。

HTTP

HTTP（エイチティティピー）はHyper Text Transfer Protocol（ハイパーテキスト転送プロトコル）の略で、Webサービスで使われるプロトコルです。ハイパーテキストとは、文書の中に画像や音声、動画、他の文書へのハイパーリンク（情報の位置）を埋め込んでWebページを構成するしくみです。HTTPでは特にHTML（Hypertext Markup Language）が利用されます。HTMLにはタグと呼ばれる文書制御記号を使って、ページ内の文字修飾や構成を指定するしくみがあります。

サーバーとクライアント（ユーザーのパソコン）間でHTTPプロトコルを用いて、HTMLファイルやWebページ内で表示される画像や動画などの情報を送受信します。

HTTPS

HTTPS（Hypertext Transfer Protocol Security）を使うと、HTTPでやりとりされる情報がSSL（バージョンによってTLSとも）と呼ばれる暗号プロトコルで暗号化され、他人には情報が見られないようになります。HTTPSを利用すると、URLに"https://www.gihyo.co.jp"のように"https"という文字列が付きます。また、ブラウザに鍵マークが表示されます。クレジットカード番号など重要な情報をやりとりするときは、必ず確かめるようにしましょう。

SMTP

SMTPはSimple Mail Transfer Protocolの略で、簡易メール転送プロトコルと訳せます。

AさんがBさんメールを送ろうと思うと、最初にAさんのメールサーバーにメールを転送します。次にAさんのメールサーバーはBさんのメールサーバーにメールを転送します。このようにメールを自分から相手に送る場合は、SMTPというプロトコルの決まりにしたがって通信します。

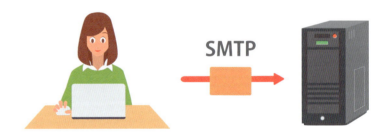

POP

メールを自分から相手に送る場合は、SMTPが使われます。SMTPでは瞬時に相手へメール情報を送るため、メールを受け取る機器は常にインターネットに接続されている必要があります。

しかし通常のユーザーは必要なときしかインターネットにアクセスしないため、ユーザーのパソコンではSMTPは使えません。

その代わりに、ユーザーのパソコンではPOPというプロトコルを使って、メールサーバーから必要なときだけメール情報を取り込みに行きます。

FTP

FTPはFile Transfer Protocolの略で、ファイル転送プロトコルという意味です。

ここで言うファイルとは、パソコンで作成されたあらゆる種類のデータです。たとえばワープロソフトの文書ファイル、表計算ソフトのデータファイル、デジタルカメラで撮った画像ファイル、WebページのHTMLファイルなどがあります。

インターネット上でファイルのやりとりを行うには、FTPだけでなく、メールに添付して送ることもできますし、HTTPを利用してWebサーバー経由でやりとりすることも可能です。また、Windowsネットワークを利用すると、パソコンの共有フォルダへ簡単にファイルを移動させることができます。

ただし、UNIXとWindowsのように異なるOS間で大量のファイルをやりとりするには、FTPを利用するのが便利です。

FTPではユーザー認証が行われ、許可された人やサーバーへのアクセス権のある人しか利用することができません。しかしFTPの親戚のプロトコルであるTFTP（Trivial FTP、簡易FTP）ではユーザー認証が必要ないため、コンピュータが起動するときに必要な情報をサーバーから取り込む場合に、よく用いられます。

その他のアプリケーションプロトコル

TCP/IPにはさまざまなアプリケーションプロトコルがあります。

これらは、インターネット標準であるRFCによって定義されたプロトコルと、ソフトウェアメーカーなどによって独自に作られたものに大別されます。

前者はTCPやUDPで利用するポート番号があらかじめ予約されていて、ポート番号とアプリケーションを関連付けることができます。たとえばHTTPは80番、FTPは20番と21番が予約されています。

遠隔ホスト操作のTelnet、ドメイン名からIPアドレスを取得するDNS、クライアントにIPアドレスを割り当てるDHCP、ストリーミングを配信するRTSP、時刻を合わせるNTP、経路情報をやりとりするBGPやRIPといったプロトコルもアプリケーションプロトコルの1つです。

すべて挙げると限りがありませんが、数千種類のプロトコルが存在します。

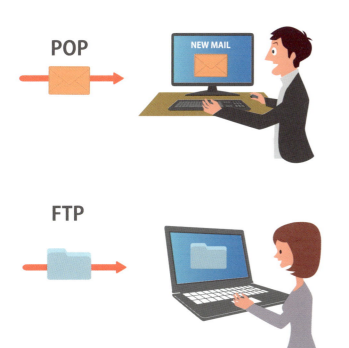

Chapter 5 インターネットでできること

電子メール送受信のしくみ

電子メールは、インターネットを利用したアプリケーションの中でも、
最もよく利用されるものの1つです。
メールの送受信にはさまざまなルールがありますが、通常の手紙のやりとりとよく似ています。

● メールアドレスとメールボックス

　電子メール（メール）を送信する場合、送信者と受信者を識別するためにメールアドレスを用います。メールアドレスは「ユーザー名@メールサーバーのドメイン名」という書式です。

　たとえば「user@example.com」というメールアドレスだとします。このときユーザー名は「user」で、「example.com」というドメインにあるメールサーバー内にメールボックスがあります。

　メールボックスとはユーザーごとに割り当てられた私書箱のようなもので、他のユーザーから送られてきたメールを保存する領域です。

　メールボックスには受信容量の制限があります。サイズの大きいファイルを大量にやりとりすると、制限に引っかかって受信できなくなるので注意しましょう。

● メールサーバーの役割

　メールサーバーにはメールアプリケーションがインストールされています。メール送信用のSMTPと、ユーザーにメールを配布するPOPやIMAPといったプロトコルを使ってメールサービスを提供します。

　通常、1台のメールサーバーでは複数のユーザーが管理されています。ユーザーをアカウントとも呼び、アカウントごとにメールアドレスとメールボックスを管理します。

● メールソフト

　メールソフトはクライアントのパソコンにインストールして利用するソフトウェアです。メーラーとも呼ばれます。OutlookやThunderbirdが有名です。

　メールの分類や整理をするフォルダ、フォルダ内のメール一覧、一覧から選択したメールの内容などが表示されます。

受信したメールの送信元や題名などから自動的にフォルダに振り分ける機能や、検索、並べ替え、署名などの機能が提供されます。

1つのメールソフトで複数のメールアカウントを管理することができます。

● Webメール

GoogleによるGmailやYahooメール、Outlook.comなど、メール容量制限はあるものの無料で利用できるWebメールサービスがあります。Webメールサービスは113ページで紹介するSaaSサービスの一種です。Webメールはブラウザさえあれば、メールソフトがインストールされていなくてもメールを閲覧することができます。AndroidやiOSではWebメールを閲覧するための専用アプリがありますが、こちらはメーラーではなく閲覧アプリです。

メーラーをパソコンにインストールして使用する場合、メールデータをそのパソコンに保存してメールサーバー上から削除した場合、別のパソコンからはそのメールデータを参照できません。Webメールの場合、データはWeb上のメールサーバーが常に保持しており、アカウント情報を使ってログインすればパソコンやスマートフォンなど複数のデバイスからアクセスすることができます。HTMLメールの例として133ページに示したGmailがあります。

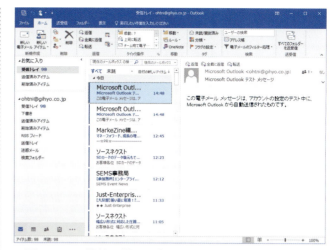

■電子メール機能を備えた「Outlook 2016」

● 添付ファイルのしくみ

メールは通常、テキストデータのやりとりを行います。テキストデータとは、文字だけを扱う情報です。

メールソフトを使うと、テキストデータだけでなく、画像などさまざまなファイルを添付して相手に送ることができます。このとき、ファイルの情報は一度テキストデータに変換されます。相手のパソコンに届くまでは、画像ではなく文字列情報として表現されるのです。

● SMTPの流れ

ユーザーがメールを送るとき、メールソフトにメールのあて先、題名、本文を入力してメール送信ボタンを押します。このとき送信されたメールはメールサーバーへ送られます。

メールサーバーは、あて先が自身に登録されているユーザーへのものである場合、そのユーザーのメールボックスにメールを配信します。

あて先が自身に登録されていない場合、メールサーバーはSMTPプロトコルを使って、他のメールサーバーへメールを転送します。

メールアドレスの@（アットマーク）以降に記されたメールサーバー名やドメイン名を見れば、転送が必要かどうか判断できます。

転送が必要な場合、メール情報をTCPポートの25番を使用してTCPセグメントとし、IPパケットに変換して転送します。

メールソフトによっては、SMTP over SSLという機能が利用できます。これは、ユーザーがメールサーバーへ送るデータを、SSL（TLS）を使って暗号化してやりとりする機能です。

● POPの流れ

POPではまずユーザー認証として、ユーザー名とパスワードの確認を行います。通常ユーザー名とパスワードは、メールソフトにあらかじめ設定しておきます。

認証が終わるとメールの取り込みを行います。メールソフトを使うと自動的に全部のメールをダウンロードしてくれます。

メールの取り込みが終わると、そのメール情報をメールボックスから削除します。削除しないとメールボックスがいっぱいになって、容量をオーバーしてしまうからです。POPを使って取り込んだメール情報はパソコンに保存しておくことになります。

メールソフトによっては、POP over SSLという機能が利用できます。これは、ユーザーがメールサーバーから受信するデータを、SSL（TLS）を使って暗号化してやりとりする機能です。

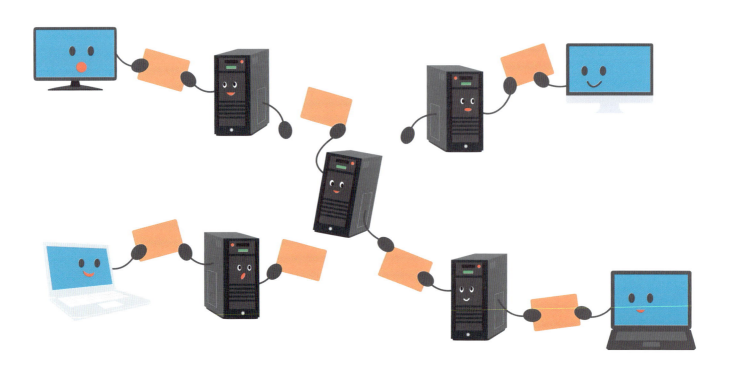

IMAP

TCP/IPではPOP以外にもメール受信用のプロトコルがあります。IMAP（Internet Message Access Protocol）では、POPと異なりメールをサーバー上のメールボックスで管理します。これによりメールをクライアントのメールソフトにダウンロードしなくてもよくなります。

メールソフトの設定

メールアドレス、メールサーバー名、ユーザー名やパスワードなど、メールサービスの利用に必要な情報は、メールソフトで設定しなければなりません。それぞれの情報は、契約したプロバイダや、企業であれば社内のネットワーク管理者から割り当てられます。

Outlook 2016での設定画面を見てみましょう。Outlook 2016には、簡単に設定を行うためのウィザードが用意されています。

■受信メールサーバー、送信メールサーバー、アカウント名、パスワードなどの情報を設定する

Webメールの設定

Webメールの場合、利用開始時の登録によってメールアドレスが決まります。サービスで提供されるメールサーバーの情報は設定済みであるため、ユーザー側で特に設定を行わなくても取得したメールアドレス宛てのメールを受信して閲覧することができます。閲覧画面、フィルター設定、迷惑メール対策、メール転送などの設定をブラウザから行うことができます。

メールデータの形

インターネット上でやりとりされるメールデータは、英数字の文字列で構成されています。この文字列は61ページに記したASCIIコードです。

ASCIIコードは制御文字、記号、数字、アルファベットの大文字小文字からなる127種類の文字で構成されます。

メール文章として英語を使うのであれば、ASCIIコードだけでメールデータを生成できます。

MIME

英語以外に、日本語の文字列や画像データなどの添付ファイルをメールデータとして送信する場合、MIME（Multipurpose Internet Mail Extensions、マイムと読む）というプロトコルを使ってデータをASCIIコードに変換します。

複数メッセージや複数の添付ファイルをまとめて1つのメールデータとして送信したい場合、MIMEマルチパートと呼ばれる手法を使います。

HTMLメール

メール文書はもともとテキスト形式で、文字列だけが扱えます。MIMEによってメール本文をHTML形式で記述したメールも最近よく使われ、HTMLメールとも呼ばれています。

HTMLメールに対応したメーラーでは、ブラウザを使ってWebページを閲覧するようにメール本文を表示できます。HTMLメールを使うと画像や動画データの埋め込みができ、文字列の大きさ、色、フォントを自在に組み合わせて高い表現力のメールを作成できます。

現在はほとんどのメーラーでHTMLメールに対応しており、企業広告のダイレクトメールなどで広く使われています。

Webページ閲覧のしくみ

Chapter 5　インターネットでできること

普段私たちが目にするインターネットのWebページは、さまざまなしくみ、約束ごとにしたがって表示されます。大まかに言えば、Webページの表示に必要なデータを取ってくるしくみと、集めたデータをWebページに組み立てるしくみに分けられます。

WWWとは？

WWWというのはWorld Wide Webの略で、Webサーバー（ウェブサーバー）はWWWサーバーとも呼ばれます。ネットワークで接続された無数のサーバーが、世界中を覆うクモの巣に見立てることができるため、このような名前が付けられました。

WWWはインターネットの文書を閲覧するしくみです。WWWの特徴として、ハイパーリンク（単にリンクとも呼びます）があります。ホームページ内の文字や絵を、他のページや画像などと関連付けて、クリックするだけでそのページや画像を表示できる機能です。

リンクする先のページや画像は同じWebサーバーの中にある必要はなく、インターネットに接続しているWebサーバーであれば、世界中どこにあってもかまいません。

HTTPでデータの取得

インターネットのホームページを見るとき、パソコンやモバイルデバイスなどのクライアントはWebサーバーにアクセスします。このとき、クライアントはHTTPを利用するため、あて先ポート番号としてTCPの80番ポートを指定します。

HTTPには、ホームページのデータを取ってくるためのコマンドがいくつかあります。しかし人間がブラウザを使ってホームページを見る分には、コマンドを意識する必要はありません。ブラウザが自動でコマンドのやりとりを実行してくれます。

URL

WWWでホームページなどの場所を示すのがURL（Uniform Resource Locator）です。世界中のどのホーム

1　ページのリクエスト

クライアント

2　ページ情報の送信

3　ページの組み立て

Webサーバー

```
            スキーム           ホスト名                      パス名
        http://www.gihyo.co.jp/database/index.html
                                  ディレクトリ    ファイル名
```

ページでも、必ず1つのURLで表すことができます。URLは、ホームページのインターネット上の住所と言えます。"http://www.gihyo.co.jp/database/index.html"というURLを例にとって意味を確認しましょう。

まず、"http:"というのは、先ほど出てきたHTTPプロトコルを使ってアクセスしますよ、という意味です。これを「スキーム」と呼びます。スキームは、アクセスに使用するプロトコルを指定します。

"www.gihyo.co.jp"というのはホスト名と言って、"gihyo.co.jp"というドメインの"www"というサーバー、という意味になります。wwwサービスを提供するので"www"というホスト名になっていますが、Webサーバーの機能を持っていれば何というホスト名でも構いません。

"/database/"は、サーバー内のどの位置(ディレクトリ)にデータがあるかを示す「パス」というものです。そして"index.html"がホームページのデータが入っているファイル名です。

Webブラウザ

WWWでは、Webブラウザ(単にブラウザとも言います)というアプリケーションソフトを使ってWebページの内容を表示します。マイクロソフト社のEdge、Internet Explorer、Mozilla FoundationのMozilla Firefox、グーグル社のGoogle Chromeが有名です。ブラウザでは、表示する言語種別や文字サイズを変更することもできます。

スマートフォンやタブレット、インターネット対応のテレビなどにもブラウザが入っていて、インターネット上のホームページを見ることができます。

HTML

ブラウザで表示するデータは、HTMLという言語で書かれており、これによって書式が整えられます。

HTMLで書かれたホームページのファイルをHTMLファイルと呼び、このファイルの名前には".htm"や".html"という拡張子がつきます。

ブラウザでWebページを表示して、ホームページ上で右クリックするとメニューが出てきますが、その中に「ソース表示」というのがあります。これを選択すると、HTML言語で書かれた命令が見えます。

■Webブラウザの1つMicrosoft Edge

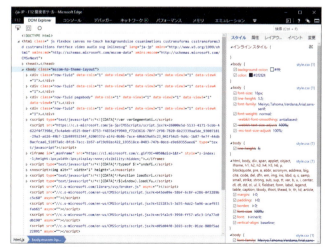
■HTML言語

プロキシサーバー

プロキシサーバーは主に企業内のパソコンがインターネットにアクセスする際、Webサーバーからのコンテンツダウンロードをクライアントの代わりに行う目的で利用されます。IPアドレスやユーザー認証を使ったWebアクセス制御、Web通信のログ管理、URLフィルタリングやアンチウイルススキャンとの連携、などを実施できるようになります。

また、コンテンツをキャッシュ（一時保存）することで効率よいWeb通信を提供できるようになります。

エラーメッセージ

ブラウザにURLを入力するかハイパーリンクをクリックしてWebページにアクセスすると、エラーメッセージが表示される場合があります。たとえば、"404 Not Found"というメッセージは、Webサーバーに接続できたのですが目的のページがサーバー内になかったことを表します。404というのはHTTPプロトコルで規定されたステータスコードと呼ばれる3桁の数値で、4で始まるものはクライアントからのリクエストに誤りがある場合に発生します。

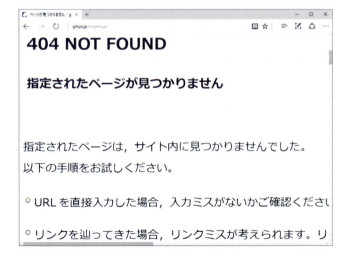

ブラウザの使い方

ブラウザはWebページを閲覧するときに使いますが、以下のような設定が可能です。

○ ブックマーク

ブックマークとは「しおり」という意味で、本でしおりを使うように、気に入ったWebページを見つけたらそのURLを保存しておき、次回すぐにアクセスできるようにする設定です。

○ ホームページの登録

ブラウザを起動したときに、最初に表示するWebページ（ホームページ）を設定できます。よく見るポータルサイトを登録しておくと便利です。

○ エンコード

ブラウザで表示される文字は「文字コード」というデータが使われます。文字コードは言語によって分かれていて、日本語でよく使われるものにシフトJIS、EUC、UTF-8などがあります。通常ブラウザで自動的に判別されますが、文字コードを誤って判断すると「文字化け」が発生し文章を読めなくなってしまいます。このような場合はブラウザの文字コードを変更します。

○ セキュリティの管理

動的サイトで使用されるJava、JavaScript、ActiveXなどのプログラムを利用するかどうか設定できます。信頼できるサイトでのみプログラムを利用したり、利用する前に注意を促すよう設定したりすることも可能です。また、ポップアップウインドウと呼ばれる広告目的の新規ブラウザウインドウが勝手に開かれるのを防ぐ「ポップアップブロック」という機能の設定もできます。さらにさまざまなWebページで使用されるパスワードについて記憶して再利用する機能もあります。

○ キャッシュ（履歴）

ブラウザでは過去に読み込んだWebコンテンツの履歴やその情報をキャッシュ（一時保存）する機能があります。古いキャッシュが残っていると、最新ではなく、過去のコンテンツを使用してページが表示されることがあります。このようなときは履歴を削除するか、[Ctrl]+[F5]キーを押すか、[Shift]キーを押しながら[再読み込みマーク]をクリックして、強制的に最新データを読み込ませます。

○ プロキシサーバーの設定

ブラウザのメニューから、プロキシサーバーの設定を行うことができます。

Microsoft Edgeの場合、[詳細]→[設定]→[詳細設定を表示]→[プロキシ設定を開く]をクリックすると、「プロキシサーバー」のアドレスとポート番号を入力する設定ウインドウが表示されます。

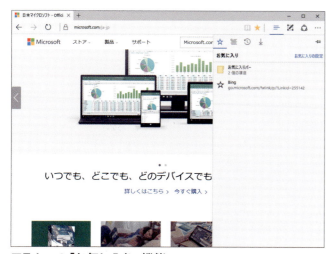
■Edgeの「お気に入り」機能

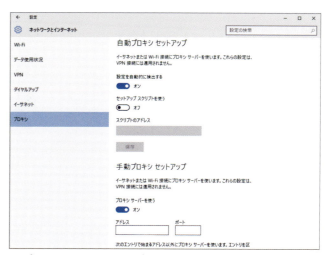
■プロキシサーバーの設定画面

スクリプト言語を使ったWebページ

Webページは通常HTMLファイルで表されますが、スクリプトを使用すると、より高度なWebページを表現することができます。HTMLだけでは情報が参照できるだけになってしまいますが、ユーザーのアクションに対して何か反応を返すしくみなどが実現可能になります。

Webプログラミング

Webでは、HTMLファイルを見ることで、さまざまな文書や画像ファイルなどを参照することができます。しかしHTMLだけではサーバーからクライアントへの片方向通信で、ユーザーが見たい情報を見るだけで終わってしまいます。

Webプログラミングを利用すると、HTMLでは実現できない高度な機能を持たせることができます。また、掲示板やチャットなど、ユーザーがWebサーバーに情報を書き込んでの双方向通信も実現することができます。

Webプログラミングによって、Webを使ったフリーメールサービス、ネットオークションなど、さまざまな機能が提供されています。

Webプログラミングはスクリプトで記述されます。サーバー側ではプログラムをCGIによって起動させ、出力をクライアントに送信します。

スクリプト言語

HTMLだけでは表現できない機能を利用するための簡易的なプログラムを、スクリプトと呼びます。

スクリプトはスクリプト言語と呼ばれるプログラミング言語で記述され、ブラウザによって処理されます。代表的なスクリプト言語にJavaScriptやVBScriptがあります。

スクリプトはHTMLファイルの中に記述されていて、クライアントがWebサーバーからHTMLファイルを取得すると、

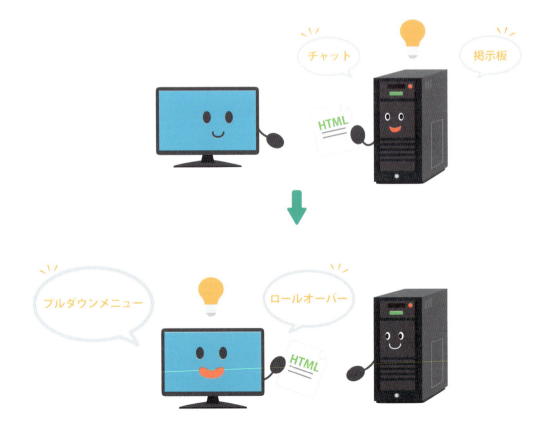

ブラウザがそこに記述されたスクリプトを処理します。したがって、プログラム自体はクライアント側で実行することになります。

○ サーバーサイドスクリプト

サーバーサイドスクリプトはWebサーバー上で動作するスクリプト言語プログラムで、処理が終わると通常のHTMLデータとして結果がクライアント側のWebブラウザに送信されます。使用される言語として主なものにPerl、PHP、Pythonがあります。クライアントの環境に依存しにくい、開発や管理が容易、サーバーとクライアント間で転送するデータ量が少なくて済む、サーバー上のデータベースを直接使用できる、高性能な処理が可能という特徴があります。

○ クライアントサイドスクリプト

クライアント上のWebブラウザ側で処理されるスクリプト言語プログラムで、主にJavaScriptが利用されます。JavaScriptはブラウザの種類やバージョンによって対応する命令が異なり、対応していない言語は動作しないので注意が必要です。

サーバーサイドスクリプトとクライアントサイドスクリプトの両方を使ったものがAjaxです。スクリプト言語ではないですが、FlashやHTML5を使用することでも動的なページを作成できます。

CSS

CSSはCascading Style Sheetsの略で、HTMLやXMLの各要素をブラウザ上でどのように表示させるかを支持する仕様です。スタイルシートとも呼ばれます。CSSはHTML文書内に記述するか、別ファイルに記述してHTML内に参照させて読み込ませることができます。CSSを使用することで、Webサイト内のすべてのページで文字のフォント、サイズ、色、背景、表の書式、行間などさまざまな体裁を統一させて、見やすい綺麗なページを表現することができます。また画像などのオブジェクトをページ内で動的に動かすような表現を作成することもできます。

ダイナミックHTML

静的なHTMLの内容をCSSとJavaScriptなどのクライアントサイドスクリプト言語を用いて動的に変更する技術をダイナミックHTMLと呼びます。

JavaScript

JavaScript（ジャバスクリプト）はWebで利用されるスクリプト言語の1つで、プログラム言語のJavaをもとに、サンマイクロシステムズ社とネットスケープコミュニケーションズ社によって開発されました。

Webページに動きや対話性を与えることを目的として開発され、たとえばクリックでメニューを表示させる（プルダウンメニュー）、マウスを絵の上に重ねたときに絵を変化させる（ロールオーバー）、といったことができます。

JavaScriptは、FirefoxやInternet ExplorerなどのWebブラウザで実行可能です。

当初ネットスケープ社とマイクロソフト社で、JavaScriptの動作が異なる部分がありましたが、ECMA（ヨーロッパ電子計算機工業会）によるECMA Script（エクマスクリプト）として標準化されました。

JavaScriptは、クライアントだけでなくマイクロソフト社のIISというWebサーバーでも実行可能です。この場合、サーバー上でスクリプトを実行して動的にHTML文書を作成させることも可能で、つまりCGIとして機能します。

スクリプト言語とセキュリティ（Column）

スクリプト言語の中には悪意を持ったプログラムもあり、Webサイトを訪問した人のブラウザに対して攻撃をしかけたり、気づかないうちに他人に対して攻撃をさせたりすることもあり得ます。これらはセキュリティホールと呼ばれるプログラムの欠陥を利用したものなので、スクリプト言語を実行するブラウザは、常に最新のものや修正されたものを利用したほうがよいです。

ブラウザには、スクリプト言語を実行するかどうかの設定も可能です。

動的なWebページ

サーバー側のプログラムであるCGIを利用すると、動的なWebサイトを作成することができます。チャットやショッピングなどがCGIのしくみを利用しており、ユーザーからのリクエストに応じてさまざまな処理を行うことができます。

CGIのしくみ

WebサーバーにはHTMLファイルが保存されており、ブラウザのリクエストに応じてHTTPで送り出します。CGI（Common Gateway Interface）はサーバーサイドスクリプトとWebサーバー間を結ぶインターフェイスです。CGIを使用することで、プログラムの処理結果に基づいてサーバーがその場でHTML文書を作成し、送り出すことが可能になります。これによって、ユーザーの入力を反映させてWebページを表示させるようなしくみが実現します。

サーバーサイドスクリプトで利用されるPerl、C言語、C++、PHP、Python、Rubyなどのプログラミング言語がサーバーで処理できるよう、Webサーバーソフトとともにプログラミングソフトがインストールされている必要があります。

Perl

Perl（パール）はC言語に似た表記のプログラミング言語で、1987年にアメリカのLarry Wall氏によって開発されました。

Practical Extraction and Report Language（実用的な抽出とレポート用言語）の略で、文字列の検索や抽出、レポートの作成に向いた言語です。

C言語では、プログラムを作ったあとに実行ファイルを生成する必要がありますが、Perlはインタプリタと呼ばれ、実行ファイルを作らなくてもプログラムのまま直接実行できます。

もともとUNIXで開発され利用されていましたが、現在ではWindowsなどでも実行できるソフトウェアが提供されています。

PHP

PHP（ピーエイチピー）はスクリプト言語の1つで、HTMLファイル内に処理内容を書き込み、処理結果に応じて動的にWebページ内容が生成されます。処理内容を記述するプログラム言語はC言語、Java、Perlがベースとなっています。正式名称を"PHP:Hypertext Preprocessor"と呼びます。

Python

Python（パイソン）は欧米を中心に海外で人気のオブジェクト指向型スクリプト言語で、初心者にも扱いやすいと言われています。

Webプログラミングでも広く使用されています。

Ruby

Rubyは、まつもとゆきひろ氏によって開発されたオブジェクト指向のスクリプト言語で、1995年に発表されました。Perlと同じインタプリタ型のプログラム言語で、すぐに実行させることができます。

UNIX、Windows、Mac OSなどさまざまなOSで動作させることができます。

Ajax

Ajaxは"Asynchronous JavaScript + XML"の略で、アジャックスまたはエイジャックスと読みます。これまでの動的Webページではテキストボックスに文字列を入力し送信ボタンを押すなどしてから、ユーザーが入力した内容に応じてサーバーがWebページを動的に生成し、その結果がブラウザに出力されるまで、ユーザーは待機している必要がありました。Ajaxでは非同期処理で、ユーザーの入力が途中でもサーバーが処理を始めて結果を返すようになります。

Ajaxを使った動的ページで有名なものにGoogle Mapがあります。

掲示板、チャット

サーバーで実行されるCGIの代表的なプログラムは、掲示板やチャットです。

掲示板はWebページの形で提供され、テキストボックスと呼ばれる文章を入力する部分に自分の名前やメールアドレス、意見を入力して投稿します。投稿されたメッセージはWebページに掲載され、多数の人に見てもらうことができます。

掲示板は個人のWebページに対する意見や、共通する趣味の話題に関するものなどさまざまなものがあります。誰でも投稿できるもの、決まった人しか投稿できないものなど、CGIのプログラム次第でいろいろ設定ができます。

チャットは掲示板を応用させて、2人以上のユーザーで同じWebページに意見を投稿しあい、文章で会話を楽しみます。投稿されたメッセージは、チャットに参加しているすべてのユーザーで見ることができ、それぞれのユーザーが自分の意見などを続けて投稿することで、多人数での会話を行うこともできます。

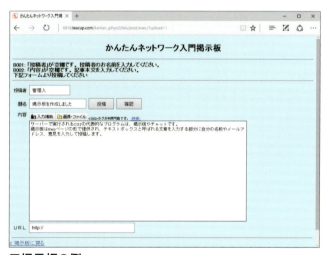

■掲示板の例

■チャットの例

CGIとデータベース

クライアントはブラウザから何らかの情報を入力し、CGIプログラムに渡すことができます。このしくみを利用し、CGIではデータベースと連携してアプリケーションが作られます。

たとえば、名前を入力するとその人の電話番号が出てくるCGIプログラム（サーバーサイドスクリプト）を、Webサーバーに置いておくとします。HTMLファイルに名前を入力するテキストボックスがあり、ユーザーはその中に名前を入力して「送信」ボタンを押すか、Enterキーを押します。すると、そのテキストボックスに割り当てられたCGIプログラムがサーバーで呼び出され、ユーザーが入力した名前が引き継がれます。サーバーはCGIプログラムによって、自分自身に保存されている電話番号データベースを名前で検索します。電話番号が見つかると、Webサーバーは新たに名前と電話番号を表示するHTMLファイルを作成し、クライアントにそのデータを送信します。

Web検索サイトも同様のしくみです。CGIを使ってユーザーから入力された文字列に当てはまるWebサイトを検出し、結果ページを動的にHTMLファイルとして作成して表示します。

検索エンジン

インターネットで必要な情報を探すとき、検索エンジンを頼ります。主な検索サイトにはGoogle、Yahoo!、MSNなどがありますが、このようなサイトで知りたい情報のキーワードをテキストボックスに入力し、検索ボタンをクリックします。

すると検索結果が現れ、キーワードを含むWebページを閲覧することができます。検索結果を処理するプログラムを「検索エンジン」と呼びます。検索エンジンもCGIの1つです。

この閲覧結果ですが、同じキーワードを含むページがたくさんある場合は、より多くの人が参照しているページを上位に表示するのが通常です。検索エンジンを提供している会社にお金を払うことで、検索結果の上位に自分のWebサイトへのリンクを表示してもらうというサービスもあります。このような手法は企業広告の1つとして利用されています。

ブログ

ブログ（blog）とはWeb上で日記（log）を書く、というWeblog（ウェブログ）という言葉を略してできた用語です。内容としては専門的な話題、時事ネタ、インターネット上で見つけたものなどが紹介されます。CGIによるブログシステムで時系列にページを整列させたり、読者が記事へコメントを入力できたり、トラックバックと呼ばれるリンク元サイトにリンクしたことを通知する機能を使ったりすることが可能です。

Webメール

以前はインターネットで電子メールを利用するにはメーラーと呼ばれる電子メール用クライアントソフトウェアが必要でしたが、最近ではフリーメールに代表される、Webブラウザさえあればメーラーがなくてもメールの閲覧や送受信が可能なサービスが人気です。メーラーを使ってメールを受信すると、メールデータはパソコンに保存されてしまい、他のパソコンから参照することができなくなってしまいます。Webメールを使うと、メールデータはインターネット上にあるサーバーに蓄積されているため、複数のパソコンからでも参照できるという利点があります。

■Googleの検索画面

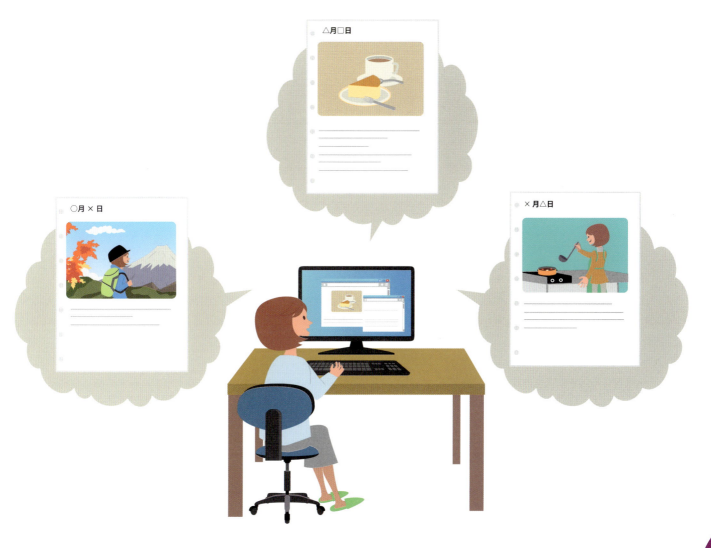

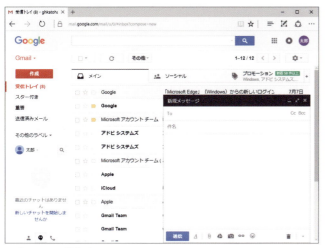
■Gmailの画面

● 有料サービス、無料サービス

　これまで挙げてきたインターネット上の各種サービスは有料のものと無料のものがあります。Webメールサービスは無料だがウイルススキャンサービスは有料、というようなオプションもあります。用途や予算に合わせて利用するサービスを選択する必要があります。

Chapter 5　インターネットでできること

133

Chapter 5 インターネットでできること

動画とストリーミング

ADSLや光回線によるブロードバンド化に加え、データ圧縮技術の進歩により、インターネット上でデータ量の大きな動画を楽しむことができるようになりました。インターネット上でどのような動画データが閲覧できるか見てみましょう。

● ストリーミング

　インターネット経由で音楽や動画などマルチメディアデータを再生するには2つの方法があります。1つはファイル形式でデータをダウンロードして再生する方法で、この場合ファイル単位ですべてのデータを事前に取得する必要があります。もう1つはストリーミングで、データを受信しながら再生する方式です。

　ストリーミングを使えば再生したい箇所だけデータ受信すればよくなり、大きなサイズの動画再生でダウンロード待ち時間を短縮することができます。ライブストリーミングと呼ばれるインターネット経由の生中継にもストリーミング技術が用いられます。

　主なストリーミング配信メディアにWindows Media、Real Media、Quick Timeなどがあります。

● Youtube

　Youtubeは2005年に開始された動画コンテンツの共有閲覧サイトです。無料で利用でき、動画を検索して視聴したり、会員登録して自分で作成した動画を投稿したりすることができます。

　Youtubeでは当初、動画再生にFlashというビデオ形式を使用していましたが、現在はHTML5がデフォルトとなっています。

● ニコニコ動画

　ニコニコ動画は日本発の動画配信サイトで、Youtubeと同様に動画の閲覧や投稿が可能です。

　動画再生中にコメントを書き込むことができ、次回再生時に書き込まれたタイミングから画面を横切ってコメントが表示されるという特徴があります。

　どの動画投稿サイトにも言えることですが、著作権に絡むものや、公序良俗に反する動画の投稿に対する対策が課題となっています。

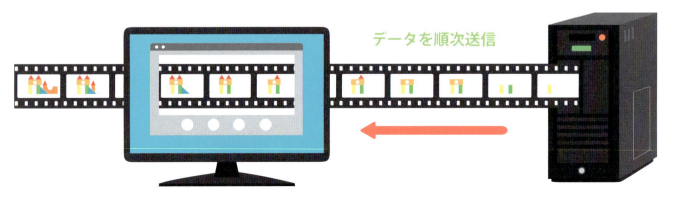

ストリーミングサーバー
データを順次送信

Flash

Flashはアドビシステムズ社が開発を行っている動画の規格で、アニメーションやゲーム、音楽などのコンテンツを作成するソフトウェアの名前にもなっています。Flash Videoという動画ファイルフォーマットは一般に公開されています。

主な再生ソフトにはFlash Playerがあり、Internet ExplorerやFirefoxなどブラウザのプラグイン（拡張プログラム）としても動作させることができます。

最近ではスマートフォンでの表示やセキュリティ問題などの背景から、動画再生環境が、Flashからオープン規格であるHTML5へ移行しつつあります。

■Youtube

コラム

YouTubeでも使用されていたFlashですが、一部の環境で表示ができなかったり、バグや脆弱性の多さからYouTubeやGoogleの広告などでFlashの使用をやめることが表明されています。代わりにHTML5というオープンソースの技術が使用されるようになっています。

コーデック

コーデックとは符号化方式のことで、アナログデータからデジタルデータへの符号化とデジタルデータからアナログデータへの復号化を行う機能です。画像圧縮、音声圧縮、動画圧縮などのコーデックがあり、音楽・動画配信やIP電話などで用いられます。利用するコーデックによって圧縮率や品質に違いがあります。

○ 画像圧縮コーデック

GIF: 256色までの可逆圧縮方式で、圧縮後に解凍も行えます。特定色の透明化（透過GIF）、複数画像を1つのファイルにまとめたアニメーションGIF、段階的に画像を表示するインタレースGIFといった拡張を使うこともできます。

JPEG: 1670万色までの非可逆または可逆圧縮方式です。写真など色数の多い画像の圧縮に向いています。非可逆方式の場合、圧縮後に元のデータ形式に戻すことはできません。

PNG: 最大280兆色のフルカラーを可逆圧縮可能です。GIFの機能を拡張し、インターネット上で広く用いられています。

○ 音声圧縮コーデック

PCM: LPCM（リニアPCM）とも表記され、圧縮を行わないコーデックです。CD、DVD、Blu-rayなどに用いられています。

WMA: Windows Media Audioの略で、マイクロソフト社が開発した可逆または非可逆の圧縮コーデックです。Windows Media Playerで利用できます。

MP3: MPEG Audio Layer-3の略で、携帯型音楽プレーヤーで広く採用された非可逆音声圧縮コーデックです。もともと動画圧縮規格のMPEG-1の音声規格として規格化されました。

Real Audio: リアルネットワークス社が開発した音声フォーマットで、低速回線用や高品質といった複数のコーデックを使い分けます。

○ 動画圧縮コーデック

ITU-T勧告: ITU-T勧告のHシリーズとして国際規格化された動画圧縮コーデックにH.261、H.263、H.264、H.265があります。

MPEG: Moving Picture Experts Groupというワーキンググループの略で、動画と音声に関するコーデックを規格化する組織名です。ビデオCD用のMPEG-1、DVD向けのMPEG-2、ワンセグやBlu-rayで採用されたMPEG-4などのコーデックがあります。

iTunes

　iTunesはApple社が開発を行っている動画や音楽の再生および管理ソフトウェアです。

　Apple社のiPodをはじめとするデジタルオーディオプレーヤーと連携して音楽CDやインターネット経由で入手した音楽ファイルなどを管理することができます。

　Apple社が運営するiTunes Storeから楽曲やアプリケーションの購入およびダウンロードが可能で、音楽ダウンロード販売サービス市場で高いシェアを持っています。

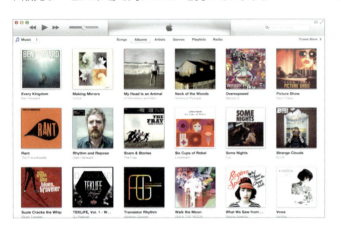

ポッドキャスト

　ポッドキャストとはiPod（アイポッド）とブロードキャスト（放送）を組み合わせた言葉で、Webサーバーに音楽や動画をアップロードし、RSSを使ってインターネット上に公開することです。

　ポッドキャストはWebブラウザを使って配信された音楽や動画をダウンロードすることもできますが、iTunesなどのソフトウェアを使い、RSSを使って最新情報を一括してダウンロードすることも可能です。iTunesを使うとダウンロードした最新ファイルをiPodなどのプレーヤーに保存し、持ち運んで聴くこともできます。

Windows Media

　Windows Mediaはマイクロソフト社が開発したマルチメディア配信技術です。Windows Media Playerはメディアプレーヤーで、音楽ファイルや動画ファイルの再生、インターネット経由のストリーミング再生、CDから音楽の取り込み、インターネットラジオの視聴などが可能です。ビデオコー

デックと呼ばれる動画ファイルフォーマットのWindows Media Video（WMV）形式、オーディオコーデックと呼ばれる音声ファイルフォーマットのWindows Media Audio（WMA）形式はWindows Media Player用のファイルとして広く普及しています。

RealMedia

RealMediaはアメリカのリアルネットワークス社が開発した音声・動画フォーマットで、ストリーミング配信にも使われます。同社が開発したメディアプレーヤーであるReal Playerで再生可能です。Real PlayerはMP3やWindows Mediaなどのフォーマットも再生できます。Real Mediaを配信可能なストリーミングサーバーとしてリアルネットワークス社が販売するHelix Universal Serverがあります。

QuickTime

QuickTimeはApple社が開発したマルチメディア技術です。メディアプレーヤーのQuickTime Playerは写真表示、動画再生、音楽再生が可能です。QuickTimeの動画ファイルタイプ（フォーマット）には.movという拡張子が付きます。

QuickTime Playerは当初Mac OSに標準で添付されるだけでしたが、その後Windows用の動画や音声フォーマットに対応し、現在ではWindows用のソフトウェアも広く利用されています。

Apple社ではQuickTimeを配信可能なストリーミングサーバーとしてQuickTime Streaming Serverというソフトウェアを提供しています。またライブストリーミング（生中継）を配信可能なソフトウェアとしてQuickTime Broadcasterを提供しています。

VLCメディアプレイヤー

VLCメディアプレイヤーは、非営利組織で運営されるVideoLANによるオープンソースで無料のメディアプレーヤーです。多数のストリーミングプロトコルが再生可能で、さまざまなOS上で動作します。

■Windows Media Player

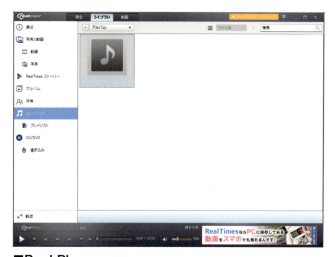
■Real Player

> **Column RSSとは？**
>
> RSSとはWebサイトの要約情報で、これを使うことで気に入ったWebサイトの更新情報を自動的に受け取ることができるようになります。「RSSフィード」や「RSS配信」とも呼ばれます。
>
> 更新情報はRSSリーダーによって取得します。
>
> WebブラウザのRSSリーダー機能を使う、WebサービスとしてRSSリーダーが動作しているサーバーにアクセスする、専用のRSSリーダーアプリケーションを使う、といった使い方ができます。

ファイル転送のしくみ

インターネットを利用したファイル転送は、どのように行われるかを紹介します。
インターネットを利用してファイルをやりとりする方法は他にもありますが、
FTPを利用すると不特定多数の人にファイルを公開するようなことも可能です。

●ファイル転送

インターネットを利用するサーバーとクライアントの間では、情報をファイルという形でやりとりすることがほとんどです。WebページもHTMLファイルや画像ファイル、動画ファイルなどで構成されています。電子メールも、メールボックスという形でファイルとして表現されます。その他、EXEファイルとも呼ばれるアプリケーション実行ファイルや、テキストファイルなどいろいろありますが、これらをホスト間でやりとりするのがファイル転送です。

ファイル転送にはFTPというプロトコルを用いることができます。FTP以外にも、HTTPを使ってWebサーバーに保存してあるファイルをダウンロードしたり、SMTPを使ってメールにファイルを添付して転送したりもできます。

FTPを使用したファイル転送は主にWebサーバーへWebコンテンツをアップロードする場合に使用されていました。しかし、その用途でも現在ではブラウザを使ったHTMLによるアップロードのほうが主流になっています。

●FTPのしくみ

FTPのクライアントでは、コマンドプロンプトからコマンドを文字列で入力する方法と、専用ソフトウェアをインストールしてマウスでクリックするだけで利用できる方法があります。

FTPではまずユーザー認証が行われます。クライアントがFTPサーバーへアクセスするときに認証情報（ユーザー名とパスワード）を送信します。FTPサーバーは認証情報を受け取ると、自身に登録されているものと照合し、正しければクライアントはサーバーに接続してファイルを取得できます。

その後、ファイルの転送モードを指定し、転送するファイ

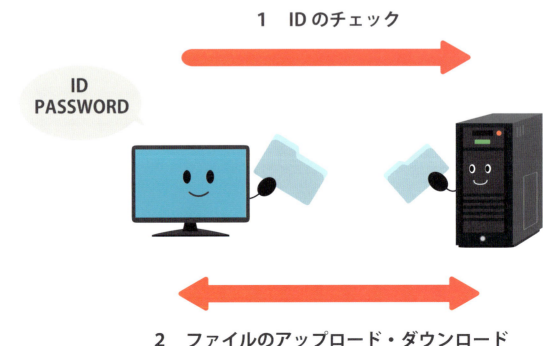

1　IDのチェック

2　ファイルのアップロード・ダウンロード

ルのあるパスを指定します。

専用ソフトではファイルを見てどちらのモードにするか自動的に決められますが、モードを間違えると正しく転送できないので注意が必要です。

ファイル転送の用語

クライアントがサーバーからファイルを取得するのを「ダウンロード」、クライアントがサーバーにファイルを置くのを「アップロード」と呼びます。

ファイルのやりとりには2つのモードがあります。1つはテキストファイルをやりとりする「アスキーモード」、もう1つはテキストファイル以外の画像ファイルや、アプリケーションファイルなどをやりとりする「バイナリモード」です。

パソコンやサーバーで扱うファイルは、ディレクトリやフォルダと呼ばれる場所に置かれます。フォルダの中にまたフォルダがある、というようにファイルの場所は階層化されていきます。この階層を直接指定する表現を「パス」と呼びます。たとえばCドライブのnetworkというフォルダの中にstudyというフォルダがあり、その中にtext1.txtというファイルがある場合、"C:¥network¥study¥text1.txt"という表現がパスになります。

匿名FTP

インターネット上のサーバーには不特定多数の人にファイルを公開するという意味で、誰でもファイルを取得できるようにすることができます。

このような方法を匿名FTPと呼び、通常ユーザー名として"ftp"または"anonymous"(アノニマス、匿名という意味)、パスワードとしてそのクライアントのメールアドレスを入力します。

FTPSとSFTP

FTP通信ではデータの暗号化を行わないので、通信経路途中でやりとりするファイルの情報を盗聴されてしまう恐れがあります。

FTPS(FTP over SSL)と呼ばれるプロトコルを使うと、HTTPSのようにSSLによって通信を暗号化して、ファイルを転送することが可能になります。

また、SSHと呼ばれる暗号通信を使ってファイル転送する方式もあり、これをSFTP(SSH File Transfer Protocol)と呼びます。

クラウドのファイル共有サービス

SaaSのファイル共有サービスを使用することで、パソコン上にあるファイルやフォルダをクラウド上に保管したり、他のユーザーや他のデバイスと共有できるようになります。Microsoft Office 365のOneDrive、Google Drive、Box、Dropboxなどのサービスがあります。

共有にはいくつかの方法があります。

- **リンク共有：** 共有するファイルやフォルダのリンクを作成し、そのリンクをメールなどで他のユーザーへ通知することで、受け取ったユーザーはファイルやフォルダを参照したりダウンロードしたりすることができます。
- **共有フォルダ：** クラウド上に共有フォルダを作成し、メール通知により共同作業者を招待します。招待されたユーザーは与えられた権限に基づいて、そのフォルダ内のファイルを閲覧、編集などが行えます。一つの文書を複数人で編集する場合に便利です。
- **同期：** クラウド上のファイルやフォルダをパソコンと同期します。これにより、ブラウザでクラウドサービスにアクセスしなくてもローカルのファイル操作と同様にパソコン上でファイルを編集、追加、削除などが行えるようになります。

ファイルの圧縮と解凍

FTPやHTTP、電子メールの添付、ファイル共有などファイルを転送する方式には多くの種類がありますが、どの方式でもファイルサイズが大きいと回線帯域を圧迫し、送受信に時間がかかってしまいます。そのため、大きなサイズのファイルを転送する場合はファイルの圧縮を行います。ファイル圧縮解凍用のソフトウェアを使ってzipやlzhなどの圧縮ファイル形式に圧縮します。受信者は受け取った圧縮ファイルを圧縮解凍ソフトウェアを使って解凍し、もとの形式に戻して読み込みます。

インターネットで通話するIP電話

IP電話はインターネットを利用した電話です。
インターネット利用料だけ払えば電話は無料で利用でき、通信コストを下げる利点があります。
欠点であった音質への影響など技術的な問題も、緩和されつつあります。

● インターネット網で音声を送信

インターネット電話は、人間が発する音声をデジタルデータに変換し、IPを使って転送するものです。

音声をデジタル信号に変換して転送するというのは、CDに入った音楽データをパソコンに取り込んで、ファイルを転送するようなものです。音楽の場合すべてのファイルデータが転送されてからでないと音楽を聴くことができませんが、IP電話で転送される音声データはリアルタイム（即時的）に転送されて相手の受話器から音となって出てきます。

そのため、転送途中の通信機器で遅延が発生したり、安定した間隔でパケット転送されなかったりすると、声が途切れるなど、IP電話の音質に影響が出ます。

通常の電話では、音声の伝送に必要な帯域が確保された専用の通信経路が発信者と受信者の間で使用されるため、音質の変化は見られません。IP電話の場合、Web閲覧やメール、ファイル転送など、さまざまな用途に利用される通信パケットと同じ通信経路を共有するため、場合によっては他のパケットに帯域を奪われてしまいます。

● 企業向けIP電話の種類

○ トールバイパス

企業の拠点間に設置されるPBX（構内交換機）をルーターに接続し、PBX間通信だけIPを利用するものです。PBXとは企業で内線通話を制御する機器で、この手法を用いると離れた場所にある拠点間の通話料金を削減することができます。このとき、利用者の電話機は従来型のアナログ電話やデジタル電話で、PBXによって制御されます。

○ IPセントレックス

通信事業者やプロバイダが提供するIP電話サービスです。IP電話機を利用し、音声データはLAN設備上を流れます。呼制御サーバーはプロバイダが管理します。

○ インターネット電話（IP電話）

IP電話機を利用するものです。パソコンが接続されている企業LANネットワークを利用するIP電話で、利用者の電話機

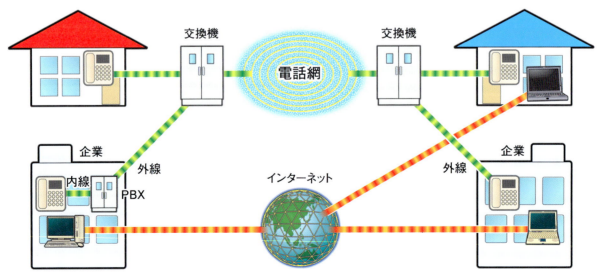

■これまでのインターネットと電話を別に利用する環境では、PBXや交換機が電話を制御していた

はイーサネットインタフェイスを持つ専用のIP電話機になります。この手法ではPBXは使われず、ルーターや専用の呼制御サーバーによって電話の制御が行われます。LAN設備を利用するため企業内部の電話回線が不要になり、さまざまなパソコンのアプリケーションと連動できる利点があります。

IP電話のプロトコル

○ SIP

SIPはSession Initiation Protocolの略で、2つ以上の端末間で回線確立を行うプロトコルです。IP電話で2台の端末間のセッション（音声回線）を確立するときにも使われます。SIPではセッションを確立するだけで、通話の音声データはRTPと呼ばれるプロトコルが主に用いられます。

○ H.323

H.323はネットワーク上で音声や動画などのリアルタイム通信を規格化したプロトコルです。IP電話（VoIP）に限らず、テレビ会議にも対応します。別に定められたセッション制御プロトコルや符号化方式を使用するよう定められています。

個人向けのIP電話

○ スマートフォンやパソコンの通話アプリ

Skype、LINE、カカオトーク、Viberなど、インターネットを利用して音声通話やビデオ通話が行えるアプリでは、アプリに登録してアカウントを取得し、同じアプリの利用者間で無料で通話が行えます。ただしスマートフォンで利用する場合はデータ通信料がかかります。これらアプリではインスタントメッセージやファイル共有の用途で利用されることが多いです。また会員制のコミュニケーションツールであり、SNSの一種ともいえます。アプリにより、P2Pまたは中央サーバーを経由した通信が利用されます。

○ 050から始まる電話番号を持つIP電話

従来はインターネット網内でしか通話できなかったIP電話ですが、2003年より固定電話と相互接続され、050で始まる電話番号が割り当てられるようになりました。050番号を持つIP電話からは、固定電話や携帯電話へ低価格で電話をかけることができます。050番号はインターネットプロバイダーにより割り当てられ、同じプロバイダーの利用者間では無料で通話できることが多いです。050 plusのようにスマートフォンで利用できるサービスもあり、海外のWi-Fiから国内の一般電話にかけるときなどに便利で低料金となります。

ビデオ会議

個人向けのビデオ通話とは異なり、主に企業向けに利用されます。モニタ、端末、カメラ、サーバーなどから構成される専用システムを会議室に常設して支店や拠点の会議室間でビデオ会議を行うシステムはテレビ会議やテレプレゼンスとも呼ばれます。ユーザーのパソコン上のWebカメラやマイク、スピーカー（またはヘッドセット）を使用してアプリケーションを起動して行うものをWeb会議と呼びます。Web会議は外出先からでも参加でき、資料や画面の共有も行え、スマートフォンやタブレットでも利用できます。

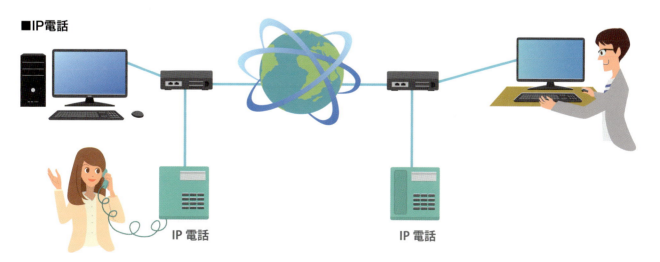
■IP電話

その他のインターネットサービス

インターネットを利用すると多彩なサービスを利用することができます。
ここではインスタントメッセージ、Skype、リモートログインなどを取り上げます。

● インスタントメッセージ

　インスタントメッセージは同僚や友人など登録した利用者を一覧表示して、それぞれの利用者が現在どのような状態にあるかを確認することができます。

　相手がオンライン（通信可能な状態）であれば、メッセージを送信することができます。このメッセージは瞬時に相手のパソコンに届けられ、相手のインスタントメッセージ画面にメッセージが表示されます。

　相手はメッセージに対して返信することができ、同じ表示画面内にメッセージが順次表示されていきます。

　インスタントメッセージを使うと、相手の状態を確認してその場で会話を始めることができます。また自分の状態を「作業中」や「休憩中」などにしておけば、あらかじめ他の利用者に会話できない状態であることを知らせることができます。

　企業内部で利用する際は、利用ルールを明確にして、重要な情報を外部に漏らさないようにする必要があります。

SNS

　SNSはソーシャルネットワーキングサービス（Social Networking Service）の略で、人と人とのつながりをサポートし、個人間のコミュニケーションを図る会員制のサービスです。代表的なサービスにFacebook、Google+、LinkedIn、mixi、Twitterなどがあります。

　自己紹介を表示・編集するプロフィール機能、自分に関する出来事や投稿を時系列に表示するタイムライン機能、ユーザー検索機能、日記機能などがあります。

P2P

P2PはPeer to Peerの略で、クライアントとサーバー間の通信ではなく、多数のパソコン同士でデータのやりとりを行う形式です。インスタントメッセージ、IP電話、ファイル共有ソフトなどで利用されます。サーバーを利用しないのでシステムとして規模を拡大しやすいですが、著作権の保持されたデータを違法にやりとりされたり、ウイルスに感染して個人情報などを流出させてしまったり、通信事業者の回線を圧迫してしまったりするなど社会問題ともなったこともあります。

■Skypeの画面

Skype

Skype(スカイプ)はP2Pによるインターネット電話サービスです。インスタントメッセージ、ファイル共有、ビデオチャットも可能です。Skypeをインストールしたパソコン同士であれば世界中のユーザーと無料の音声通信ができます。SkypeOutという有料サービスを利用すると固定電話や携帯電話への発信もできます。またSkype番号という有料サービスではユーザーIDに電話番号を割り当て、外部からの電話を受信することもできます。

リモートログイン

リモートログインはもともとUNIXで利用されていました。遠隔地にあるサーバーやルーターに手元のパソコンを使ってアクセスし、サーバーやルーターの設定を変えたりファイルやフォルダを作成させたりすることができます。

キーボードで入力した文字がそのまま遠隔地の機器に送られます。手元のパソコンが仮想的に遠隔地の機器のように利用できるため、リモートログインを行っているパソコンを仮想端末とも呼びます。51ページで紹介したデスクトップ仮想化でも利用される技術です。

■リモートログインに利用できるソフトウェア「Tera Term」

■Windows 10のリモートデスクトップ機能を使用して、別のパソコンを操作しているところ

Telnet

Telnet(テルネットと読む)で利用される通信速度は通常9600bpsであり、モデムの5分の1、ADSLの100分の1程度です。あまり帯域を使わないためダイアルアップ経由でも利用できます。

ただし通信している内容が他人に見られてしまう恐れもあるため、SSH(SecureShell)と呼ばれるプロトコルを利用してリモートログインの暗号化を行うことが望ましいです(161ページ参照)。

Chapter 5 インターネットでできること

家電とインターネット

パソコンや携帯電話以外の家庭用電化製品でも、インターネットに接続する機能を持ったものがあります。今後もインターネット経由で相互接続する情報家電が増え、ユビキタスネットワークが形成されていくことでしょう。

地上デジタル放送

日本の地上デジタル放送は2003年に導入が開始され、2011年にアナログ放送から完全に移行されました。

地上デジタル放送の特徴の1つに双方向機能があります。これは受信機（テレビ）をインターネット接続し、クイズ番組の解答や視聴者投票に参加することができる機能です。

地上デジタル放送対応のテレビにはRJ-45のインタフェイスがあり、LANケーブルを使って家庭用ルーターなどに接続できます。

家庭用ゲーム機

家庭用のゲーム機を無線または有線によってインターネット接続し、ゲームソフトをダウンロードしたり、他のユーザーとゲームの対戦を行ったりすることができます。

テレビに接続する据え置き型では任天堂のWii、ソニーのプレイステーション、マイクロソフトのXboxシリーズなどが有線または無線を使ってインターネット接続できます。

携帯型のゲーム機では、任天堂のニンテンドーDS（3DS）、ソニーのプレイステーション・ポータブルなどが無線を使ってインターネットに接続することができます。

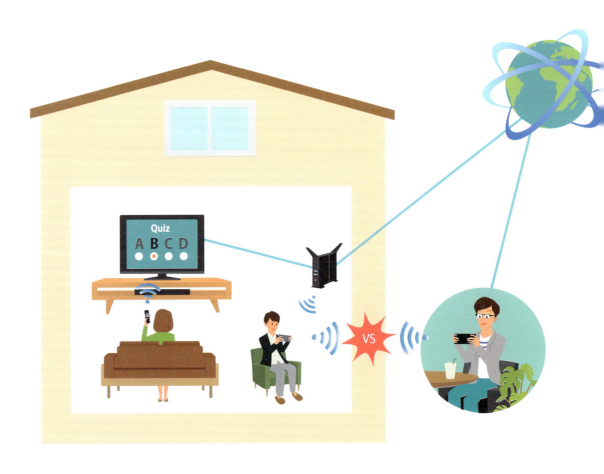

家電のリモート制御

外出先で携帯電話からインターネットにアクセスし、自宅の照明器具やエアコンのスイッチのオン、オフを行うシステムがあります。また録画予約などが行えるHDDレコーダーがあります。今後もインターネット経由で遠隔操作可能なネット家電が増えていくことでしょう。

ネットカーナビ

カーナビ（カーナビゲーションシステム）をインターネットに接続し、インターネット上のサーバーによるルート検索、施設情報の取得、最新地図データの更新、宿泊施設の検索や予約などが可能です。

カーナビのインターネット接続には、携帯電話回線を利用する場合がほとんどです。

IoT/M2M

IoT（アイオーティー：Internet of Things）は「モノのインターネット」と訳される用語です。パソコンなどのIT関連機器だけでなく、世の中に存在するさまざまな物体（モノ）をインターネットに接続して相互通信させることにより、離れた場所にあるモノの状態を知ったり遠隔操作を行ったりすることを指します。モノのインターネットへの接続は無線LANやBluetooth、NFC（非接触通信）など無線通信が主に利用されます。

また個別に稼働している複数の機器を相互接続させ、各機器のデータを活用して制御を行うシステムをM2M（エムツーエム：Machine to Machine）と呼びます。

IoTやM2Mを利用したアプリケーションの例としては、電力監視や家電操作などを遠隔から行える「スマートホーム」、ホームセキュリティ、温度や光量などを制御するスマートアグリ（農業クラウド）、自動車運転支援などがあります。

Column: 情報家電とデジタル家電

企業では1980年代から情報通信機器を使って業務を自動化するOA（オフィスオートメーション）の導入が進みました。

企業で使われる情報通信機器には、ファックス、コピー機、パソコンなどOA機器と呼ばれるものをはじめ、電話機、デジタル交換機、インターネット接続用のルーターやLAN機器などが含まれます。

2000年以降、これら機器と同じ機能を持つものや、一部の機能を既存の家電製品に応用したものが、「情報家電」や「デジタル家電」として家庭にも急速に普及してきました。

経済産業省の「情報家電の市場化戦略に関する研究会」では、「情報家電」とは携帯電話、携帯情報端末（PDA）、テレビなど生活の中で活用される情報通信機器や家電製品そのものや、それらがネットワーク接続または相互接続されたものを指す、と定義しています。

狭義には、インターネットに接続する通信機能を持つ家電製品を「情報家電」と呼ぶことが多いです。コンピュータ技術やネットワーク技術を応用しているという理由から、冷蔵庫、電子レンジ、洗濯機、エアコンなども広義の情報家電に含まれています。

一方、通信機能を持たないデジタルカメラやオーディオプレーヤー、HDDレコーダーなどデジタルデータを扱う家電製品を「デジタル家電」と呼ぶことが多いです。

[Chapter] 6 ネットワークを安全に利用するために

コンピュータネットワークを利用する人は増加の一方ですが、
さまざまな問題もあります。
特にインターネットは、不特定多数の人が利用できるため、
中には悪用する人もいます。
大半のインターネット利用者は、あまり技術的な知識を持って
いないこともあり、格好のターゲットとなってしまいます。

インターネットの問題点

インターネットが普及して便利になりましたが、問題点もいくつか出てきました。
ここではインターネットの社会的、倫理的な問題点を挙げます。
インターネットの問題点はどのようなことに起因するのでしょうか？

性善説

性善説とは孟子によって説かれた、人間は生まれつき善である、というものです。社会に生きる人は道徳心を持ちルールを守って生活することを基本とする考え方です。

インターネットの世界では、利用者が性善説に則って行動することが大切です。しかしながら秘密の情報を覗いてみたいという好奇心や、他人に邪魔や復讐をしたいという悪意を持った利用者が常にいることを意識しなければなりません。

荀子によって、人間は生まれつき悪であるという性悪説が説かれましたが、現在のインターネットの世界ではルールを守らない人からいかに自分を守るか、ということを考える必要があります。

オープンなネットワーク

インターネットは、不特定多数の人に開放されたオープンなネットワークです。「オープンネットワーク(Open Network)」とも呼ばれます。

これに対して、企業LANやVPNなど特定の人しか利用できないネットワークを「クローズドネットワーク(Closed Network)」と呼び、閉じたネットワークと表現します。

オープンネットワークは誰でもどこにいても自由に参加でき、自身の発信する情報をさまざまな人に見てもらったり、知らない人とのコミュニケーションも簡単に取ったりできるという利点があります。また海外にいながら日本の銀行口座にアクセスしたり、外国のお店の商品を簡単に購入できたりするなど便利なことがたくさんあります。

インターネットの問題点

インターネットはオープンネットワークのため、悪意を持ったユーザーが、善意のユーザーを狙って公序良俗に反する行動を取ることがあります。

また国境がないため、国や年齢によっては違法または不

健全な情報にでも、簡単にアクセスできてしまいます。出会い系サイト、インターネット詐欺、迷惑メールなど社会問題化したものも多くあります。

○ 迷惑メール

迷惑メールは、スパムメールやジャンクメールとも呼ばれます。

メールアドレスは、インターネットのWebサイトや名刺などさまざまな場所で他人に伝えます。インターネット上にメールアドレスを公開したり、モラルのない第三者にメールアドレスを教えてしまうと、必要のない広告やねずみ講まがいのメールを送り付けられてしまうことがあります。ウイルスの添付されたメールも一種の迷惑メールです。

○ インターネット詐欺

インターネットショッピングやインターネットオークションで、商品代金を指定口座に振り込んだのに商品が届かなかったり、偽の商品が届いてしまい、クレームを言おうにも消息を絶たれてしまう、というものが主な詐欺の手口です。

○ 出会い系サイト

出会い系サイトとは、友達や恋人と出会うことを目的に利用者が会員登録をして、他の会員とコミュニケーションを取ることを目的としたWebサイトです。出会い系サイト自体は問題ではないのですが、援助交際や重大犯罪のきっかけとなり得るため問題視されています。

○ ネット掲示板

掲示板に脅迫やテロととらえられる書き込みを行って、逮捕や送検される例がよくあります。本人は冗談半分であっても、責任は重大ですので絶対に行ってはいけません。

日常でも路上のキャッチセールスや、サラ金詐欺など身の回りに潜む危険があります。インターネットの世界でも、自分自身を守るために、インターネット利用者として必要な知識を身に付けておく必要があります。

ハッカー、クラッカー

インターネットを使って興味本位で他人のパスワードを盗んだり、企業の重要データを盗み見するような利用者をハッカー（hacker）、その行為をハッキング（hacking）と呼びます。もともとハッカーとは優れたコンピュータ技術を持った人という意味で、悪い人を指すものではありませんでしたが、悪い人という誤った意味で広く使われています。

また不正に他組織のネットワークに侵入して、そのシステムを動かないようにしたり、データを改変してしまうような犯罪行為を行ったりする利用者をクラッカーと呼びます。ハッカーもクラッカーと同様の意味で用いられることもあります。

いずれにしてもコンピュータやネットワークに関する高度な知識を持ち、何らかの目的をもって不正アクセスを試みます。

2000年代頃までは単にシステムに侵入するだけだったり、システムを利用できなくさせるなど人の邪魔をして楽しむようなハッカーが主流でしたが、2010年代に入り特定の組織を攻撃して機密情報や個人情報を盗んで闇市場で売買する経済目的のハッカーが目立つようになりました。また情報の争奪のために国家や政府レベルでハッキングが行われたりもしています。

Chapter 6 ネットワークを安全に利用するために

インターネットの脅威

インターネットを安全に利用するために、どのような脅威が存在するのか、またそれによりどのような被害に遭うか十分に認識しておきましょう。
また、それぞれの脅威に対して、対策を適切に行うことが大切です。

不正侵入

　日常では、金品目当てで家に空き巣が侵入する危険があります。用もないのに他人の家に入ると、不法侵入で罰せられます。
　インターネットの世界ではLANという「家」に用もないのに通信パケットを送り付けたり、「侵入」して重要データを取得したり、盗聴器や攻撃装置を設置したりする行為を、不正侵入と呼びます。不正侵入には、組織外部の攻撃者による侵入と、本来権限のない組織内部ユーザーによる内部侵入があります。
　外部攻撃者による不正侵入を防ぐには、LANとインターネットの接続部分に置かれるルーターやファイアウォールに、許可されたパケットしか通せないように、設定する方法があります。内部侵入を防ぐには、サーバーやネットワーク機器上でアクセス制御を行い、許可されたユーザーのみがネットワークや情報にアクセスできるようにします。
　不正アクセスによる被害は近年急増していますが、不正アクセス行為は犯罪として処罰の対象になります。

通信内容の盗聴・傍受

　電話や無線で盗聴器を使うと他人の会話を盗聴することができます。もちろん盗聴行為は違法です。
　盗聴を行うには専用の機器が必要になりますし、実際に会話が行われる回線や場所を知っておく必要があります。
　インターネットの場合、パソコンさえあれば簡単にネットワークを流れるパケットを覗き見ることができます。また専門のアプリケーションソフトウェアを使うと、高度なパケット解析ができます。
　さらにインターネットには世界中で数え切れないほどのパソコンが接続されており、離れたところから見ず知らずの人に通信内容を覗き見られることもあります。
　盗聴や傍受を防ぐには、通信内容を暗号化するのが有効です。たとえばWebサイト閲覧の場合、161ページで紹介するHTTPSを使用して、SSL/TLSプロトコルを使用して通信を行うと安全な通信が可能です。

情報の改ざん

改ざんというのは情報を書き換えてしまうことを意味します。他人のネットワークへの不正侵入や、通信経路途中で他人の通信を不正に中継することで、情報を改ざんすることができます。特に金銭関係のデータを改ざんされてしまうと被害が甚大です。

情報の改ざんを防ぐには通信データの暗号化や、送信者と受信者の間でデータが改ざんされていないことを保証するパケットの認証処理を行います。

システムダウン

ネットワークが攻撃を受けると何が起こるでしょうか。

ネットワークはこれまで学んできたようにノードとリンクからなり、通信経路途中のノードが障害に陥るとその経路は使えなくなってしまいます。バックアップの迂回路があればそこを利用できますが、迂回路がなくなったりDNSサーバーなど重要なサーバーがシステムダウンしたりすると、すべての利用者がネットワークを利用できなくなってしまいます。ネットワークシステムが使えなくなってしまうことを、システムダウンと呼びます。

一度システムダウンに陥ると、インターネットのWebサイトが閲覧できなくなったり、メールがやりとりできなくなったりしてしまいます。IP電話を使っていれば電話も使えなくなりますし、電子決済システムを利用していたら取引先との決済も取れなくなってしまいます。

システムダウンはネットワーク機器などの障害や災害による偶発的なものと、153ページで紹介するDDoS攻撃など外部の攻撃によるものがあります。

障害や災害が発生したときに備えてバックアップサイトを準備したり、自宅などから公衆インターネット経由で会社のサーバーにアクセスできるように計画を立てることを「事業継続計画（BCP）」と呼びます。

コンピュータウイルス

コンピュータウイルスは、悪意ある利用者が作った不正プログラムです。電子メールにファイルとして添付されたり、Webページからダウンロードしてしまったりして、不正プログラムがユーザーのパソコンの中にインストールされることで取り込まれます。病原体のウイルスと同様に、取り込まれる現象を「感染する」と表現します。

ほとんどの場合、知らず知らずのうちに感染して不正プログラムが実行されてしまいます。実行の結果、画面におかしな表示が出たり、ハードディスクに保存してあるファイルの削除や暗号化などが行われて使えなくされてしまいます。また認証情報やクレジットカード情報など機密情報をインターネット上にある攻撃者のサーバーへ送信してしまったりもします。また同じ不正ファイルを、ネットワーク経由で他人に感染させてしまう恐れもあります。既知のコンピュータウイルスは、ウイルス対策ソフトで検出や削除をすることができますが、検出できない未知のウイルスも多く存在します。

企業情報の漏洩

企業情報の漏洩は最近のニュースでよく取り上げられています。顧客情報が流出してしまうと企業にとっては多大な信用喪失や経済的損失につながります。

情報漏洩にはいくつか手法があります。不正侵入や盗聴によってデータを取得されてしまうものや、コンピュータウイルスや不正プログラムを送り付けられて、自動的に外部へ情報を漏らされてしまうものがあります。

通信システムでは防ぎきれない、内部利用者から外部への情報漏洩も認識する必要があります。

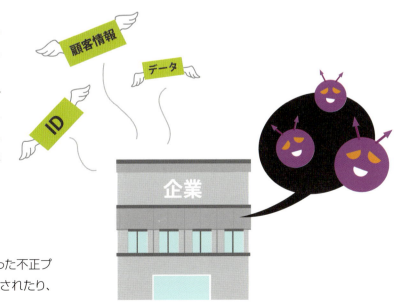

Chapter 6 ネットワークを安全に利用するために

ネットワーク攻撃の手口

ネットワーク上ではどのような攻撃が行われているのでしょうか？
攻撃者の側も、さまざまな手口を考え出しています。
ここでは主な攻撃の手口を見てみます。

● なりすまし

　他人のユーザーIDやパスワードを使って、その人のふりをしてネットワークにアクセスすることを「なりすまし」と呼びます。なりすましが行われると、他人の情報を盗み見たり、ネットワークに攻撃をしかけたりして、それが情報を盗まれた人のせいにされます。メールの送信元アドレスや掲示板の投稿者名、ログインパスワードやIPアドレス、MACアドレスなど、さまざまな情報を利用してなりすましが行われます。

● 侵入

　侵入にはいくつかの手口があります。まず、他人のユーザーIDやパスワードを何らかの方法で盗みとって、なりすましを行う方法があります。不正なプログラムを利用して、ユーザーIDやパスワードを解析することもあります。また、セキュリティホールを利用して侵入することもあります。
　侵入者は、侵入の痕跡を隠すためにログを書き換えてしまうことがあります。

オーバーフロー攻撃

　コンピュータがプログラムを実行する上で、データをメモリ上に一時的に蓄えておく必要があります。この蓄える領域をバッファと呼びますが、バッファが一杯になってしまうと次の処理が行えなくなります。

　バッファに対して許容量を超えるデータを送り付け、システムを機能停止にさせるような攻撃を、オーバーフロー攻撃とかバッファオーバーフロー攻撃と呼びます。
この攻撃でバッファをあふれさせることで、攻撃者がプログラムを操作できるようになり、悪意あるコードを実行させて管理者権限を乗っ取られることもあります。

盗聴

　盗聴にもいくつかの手口があります。ネットワーク経路内にあるスイッチや暗号化が行われていない無線LANなどを利用して、通過パケットを複製・補足し、取得したパケットの内容を覗き見ることが可能です。またDNS情報やWebサイトを偽造してユーザーをおびき寄せ、たとえばショッピングサイトと見せかけてクレジットカード情報を入力させるなどの手法があります。

DoS攻撃

　DoSとはDenial of Serviceの略で、「サービス不能」という意味です。意味のない大量のパケットをサーバーやルーターなどに送り付けて妨害し、それらの装置が通常のサービスを利用できなくさせる攻撃をDoS攻撃と呼びます。

　サーバーやルーターはCPUと呼ばれる演算装置でさまざまな計算を集中的に行いますが、DoS攻撃に遭うと無意味なパケットを処理しなければならず、CPUは処理能力以上の演算を行わされることになります。

　また、攻撃者がひそかに複数のマシンにDoS攻撃のプログラムを侵入させ、攻撃の踏み台として利用することがあります。DoS攻撃よりも強力で、DDoS攻撃と呼ばれます。

●トロイの木馬
　無害なプログラムとしてコンピュータへ侵入し、ユーザーがしかけられた処理を実行するとデータ消去、ファイルの外部流出、他のコンピュータの攻撃などを行なうプログラムを「トロイの木馬」と呼びます。

　コンピュータウイルスのように、他のファイルへの寄生や増殖活動を行うことはありません。

●水飲み場攻撃
　肉食獣が水飲み場のそばで水を飲みに来る獲物を待ち伏せするのになぞらえ、攻撃対象ユーザーがよく利用すると思われるWebサイトを改ざんし、アクセスした利用者にマルウェアを感染させようとする攻撃を水飲み場攻撃と呼びます。不特定多数ではなく対象を絞って攻撃するため標的型攻撃の一つと言えます。

●ドライブバイダウンロード攻撃
攻撃者が企業等のWebサーバーに不正アクセスして改ざんし、悪意あるプログラム（スクリプトやコード）をWebページに埋め込むことで、そのページを閲覧したユーザーに気づかれないようマルウェアがダウンロード、実行、インストールされてしまう攻撃をドライブバイダウンロード攻撃と呼びます。水飲み場攻撃の中で使われることが多いです。

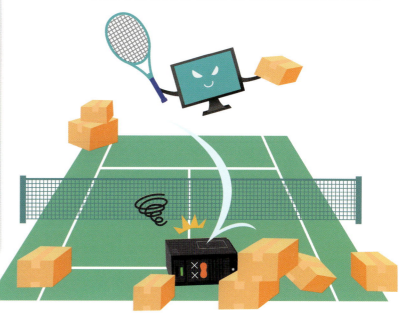

Chapter 6 ネットワークを安全に利用するために

コンピュータウイルス

ネットワークが普及した現在、大きな問題となっているコンピュータウイルスについて紹介します。ウイルスはメールの添付ファイルなどの形をとって簡単に入り込んでくるので、実際に多くの人が被害を被っています。

● ウイルスと感染経路

　コンピュータウイルスは、人間によって作成されたコンピュータプログラムです。通常の通信プログラムは人間にとって便利で有益な動きをしてくれるのですが、ウイルスはその便利さを逆手にとって、必要のないデータを大量に生成してデータ通信の邪魔をしたり、パソコンに勝手に入り込んで悪さをしたりします。

　そのようなコンピュータウイルスは、

- メールの添付ファイル
- Webページ（水飲み場攻撃）
- 正常なプログラムの中に仕込まれたもの（例：スマホのアプリ）
- 勝手に送り付けられる

というような形、方法をとってパソコンに入り込んできます。

● 添付ファイル

　知らない人からのメールを受信して、添付ファイルが付いていた場合は、まずウイルスと疑いましょう。

　また、知っている人からのメールであっても、その人のパソコンがウイルスに感染している場合は、自動的にウイルスが添付されてくることがあります。

　このようなウイルスメールは、市販のウイルス対策ソフトウェアをパソコンにインストールすることで、ある程度被害を防ぐことが可能です。ウイルス対策ソフトのデータベースに載っている既知のウイルスであれば、添付ファイルの内容を調べて検出することができます。

　データベースに載っていないウイルスは検出できないので、定期的に、または新しいウイルスが発見されたときには、データベースの更新が必要になります。

■ウイルス、スパイウェア、マルウェアなどのネットの脅威から保護する「ノートン セキュリティ プレミアム」

■「ノートン セキュリティ プレミアム」のメイン画面

ウイルスによる攻撃の特徴

○ 標的型攻撃

不特定多数に対する攻撃ではなく、ある特定の攻撃対象を狙って情報窃取等を行おうとする攻撃を「標的型攻撃」と呼びます。水飲み場攻撃や標的型メールと呼ばれる実際にありえそうなメールを装って組織内の端末に不正プログラムを感染させます。感染すると、バックドアと呼ばれる組織外部と秘密裡な通信が行えるプログラムが常駐し、攻撃者が管理するC&Cサーバーとやりとりを行います。C&Cサーバーから命令や追加プログラムを受けたり、組織内部の情報をC&Cサーバーに送ったりします。標的型攻撃はセキュリティ機器などに見つからないよう、最終任務である情報搾取まで長期間潜伏することが多く、APT（Advanced Persistent Threat：高度な持続的脅威）攻撃とも呼ばれます。

○ C&Cサーバー

Command and Controlサーバーの略で、C2サーバーとも呼ばれます。標的型攻撃で感染した内部端末との間で持続的な接続を維持し、端末が収集した情報を入手したり、端末を操作したり攻撃指示を出したり、追加プログラムを送信したりするのに利用されます。

○ ランサムウェア

ユーザーのデータを勝手に暗号化またはパスワードロックをかけて「人質」にとり、データを復元するための復号鍵やパスワードを教える対価として「身代金」（ransom）を要求するマルウェアをランサムウェアと呼びます。

○ スパイウェア

ユーザーのパソコンに勝手にプログラムがインストールされ、ユーザーが押したキーボードの情報が攻撃者に送信されてしまいます。パスワードやクレジットカードの番号など、非常に重要なデータも筒抜けになってしまいます。

マルウェア

悪意のあるプログラム（ソフトウェア）を総称して「マルウェア」と呼びます。ウイルス、ワーム、トロイの木馬、スパイウェアなどはマルウェアの一種です。

ホストIDS

ウイルス対策ソフトでは、データベースに載っているウイルスしか検出することができません。

検出できなかったウイルスや、誤ってウイルスを実行してしまった場合、その振る舞いを見ながらユーザーに対して本当に実行してもよいかを通知してくれるソフトウェアを、ホストIDSと呼びます。

セキュリティ対策

第三者からのネットワークへの攻撃に対して、どのような対策をとることができるでしょうか?
ここでは、一般的に知られている対策方法を紹介します。

● セキュリティホールをふさぐ

セキュリティホール(脆弱性)はプロトコルやプログラムの不具合によるもので、ハッカーやウイルスの攻撃はここを突いてきます。

プログラムの不具合というのは、どれだけ気を付けても発生しうるものです。そのため不具合が発見されたら即座に「ふさぐ」行動を取る必要があります。

WindowsなどOSの不具合であれば、マイクロソフト社など開発元が提供する、パッチと呼ばれる修正ソフトウェアをサーバーにインストールすることが大切です。

またソフトウェア機器やプロトコルに不具合が見つかったら、アクセスリストを用いて攻撃に使われるTCPやUDPポートをふさぐのが有効です。

さらにウイルス対策ソフトの定義ファイルやルーターのソフトウェアを最新のものに変更するのも対策の1つです。

● アクセスの制限

不正なユーザーがネットワークにアクセスできないように、アクセスの制限をします。

パケット単位でアクセス制限をするには、アクセスリストを利用します。不要なパケットは通さないようにすることができます。

ルーターでユーザー単位のアクセス制限をするには、RADIUSというプロトコルを用いてユーザー名とパスワードをチェックしてから、ネットワークに入ってくるようにします。

ルーターによるRADIUS認証以外にも、プロキシサーバーを使った認証や、WebやFTPなどのアプリケーションや、クラウドサービスごとにパスワードや証明書を使ったユーザー認証もできるので、これらを利用して特定のユーザーだけ情報にアクセスできるようにします。

● ログの監視

アクセス制限をしたとき、いつ、どのようなパケットやユーザーがアクセスを許可された(または拒否された)、という情報をログ(記録)として残しておくことができます。

ログを定期的に監視することで、不正なユーザーがいないか、異常な振る舞いがないかをチェックすることができます。

ログを監視した結果、何か異常なことがあれば、それを阻止するためにアクセスリストを新たに作成したり、不正を行ったユーザーを割り出して注意したりすることができます。

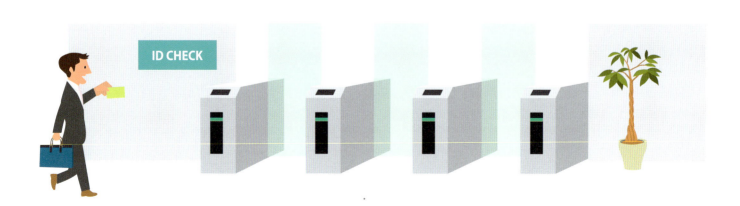

マルウェア対策

マルウェアに感染しないようにするために、ネットワーク機器やサーバー、端末のOSを最新に保ち、脆弱性の影響を最小限にします。またウイルス対策ソフトやセキュリティソフトを使用して、既知のマルウェアを検出し削除できるようにします。

ゼロデイ攻撃とその対策

新しい脆弱性が発見されたあと、パッチができるまでにその脆弱性を突く攻撃をゼロデイ攻撃と呼びます。また世界中のどのウイルス対策ソフトでも検知できない、未知のマルウェアが攻撃に使われることも多いです。このような脅威に対しては、通信の振舞い検知やファイアウォールによる詳細な通信制御、サンドボックス（攻撃されてもよい仮想環境）でファイルを動作させるなどして未知のマルウェアを検出する、という対策が有効です。

パスワードの管理

さまざまなWebサイトやSaaSサービスなどのログインでパスワードが必要となります。これらパスワードは正しく扱わないと盗まれたりして不正利用されるリスクがあります。

総当たり攻撃やブルートフォース攻撃、辞書攻撃と呼ばれる、パスワードをありうるパターン全て入力して解読する攻撃があります。これに対処するため、パスワードはできるだけ長く、数字、英字の大文字小文字、記号を組み合わせて作成することが好ましいです。また、リスト型攻撃と呼ばれる、他のサイトから不正入手したログインIDとパスワードの情報を別のサイトで試す、という攻撃もあります。これに対処するため、サイトごとになるべく異なるパスワードを使用したり、定期的にパスワードを変更したりすることが推奨されます。

これらパスワードを管理するためにブラウザのパスワードキャッシュ機能を使用したり、一つのパスワードでさまざまなサイトにアクセス可能なシングルサインオンと呼ばれるサービスを利用すると便利です。

セキュリティ管理ソフト

ネットワーク管理サーバーにセキュリティ管理ソフトウェアをインストールすることで、組織内のネットワークに関するセキュリティを一元的に管理することが可能です。組織のネットワークでは、さまざまな通信機器が使われます。これら1つ1つに正しい設定が行われていないと抜け穴ができてしまい、そこから不正者が侵入してしまう恐れがあります。

セキュリティ管理ソフトはセキュリティに関するルールを決め、そのルールにネットワーク内のすべての機器がしたがっているか確認したり、ルールにあわせて機器の設定を自動的に変えたりすることができます。

またセキュリティに関するログを監視し、異常な振る舞いが発見された場合は、管理者に通報するようなしくみを持ちます。

> **Column**
> ### パスワードの個人管理
>
> ネットワークで利用するパスワードは他人に知られてはいけません。また、定期的に更新したほうがよいです。
>
> 辞書攻撃といって、パスワードが辞書に載っているような一般用語であることを想定して、さまざまな一般用語をパスワードとして試す攻撃手法があります。
>
> パスワードを設定するときは辞書に載っている単語は使わないようにし、ある程度複雑なものにする必要があります。アルファベットの大文字と小文字、特殊文字を色々組み合わせるとよいです。たとえば"FUJISAN"というパスワードは辞書にありそうなのでNGです。"Fu5TJ!3#"などが望ましいでしょう。

> **Column**
> ### 脆弱性対策
>
> 脆弱性の情報はOSやネットワーク機器ベンダーから入手するか、JPCERT（https://www.jpcert.or.jp/）や米国のUS-CERT（https://www.us-cert.gov/）で参照できます。また、主に企業向けにネットワークやサーバーに脆弱性が存在するか試験する「侵入テスト（penetration test）」を提供するセキュリティ企業があり、広く利用されています。

Chapter 6 ネットワークを安全に利用するために

侵入防止の壁　ファイアウォール

インターネットとLANを接続する部分には、ファイアウォールを設置して、
外部からの攻撃や不要な通信を遮断します。
また、ファイアウォールを利用して、外部の利用者もアクセスできる領域を作ることもできます。

ファイアウォールとは？

ファイアウォールとは防火壁、つまり自宅を火災から守るための壁を意味します。

ネットワークでは、外部からの攻撃を防ぐための装置を意味します。ここで外部とは、インターネットのような見ず知らずの利用者のいるネットワークのことです。ファイアウォールは、企業LANなどの内部ネットワークを守ります。

パケットフィルタリング

基本的なファイアウォールの動作として、アクセスリストを使ったパケットフィルタリングがあります。ルーターでもこの機能は提供されることが多いです。

内部ネットワークへの侵入を許可、または拒否するパケットの一覧表を作成し、それをインターフェイスに適用します。すると、そのインターフェイスを通過するパケット1つ1つに対して、一覧表を参照しながら通してもよいかどうかを確認し、許可されたものだけ内部に通過させるようにします。

パケットフィルタリングの強化

アクセスリストによるパケットフィルタリングでは、設定されたプロトコル番号、IPアドレス、ポート番号、ドメイン名、URL、アプリケーション種別などの情報に基づいて、パケットを許可したり拒否したりします。これを利用することで、特定のパケットを内部ネットワークに流入させなくすることができます。

しかしHTTP、メール、DNSなど、必ず使うサービスは拒否できませんし、アクセスリストを通過できるようにアドレスを偽装した不正パケットを作ることもできてしまいます。これらを利用した攻撃は、通常のパケットフィルタリングでは防ぐ

ことができません。

　ファイアウォールには、通信の状態を見ながら不正な振る舞いを検知したり、遮断したりするステートフルパケットフィルタリングと呼ばれる機能があり、これを利用して大半の不正な通信を防ぐことができます。

 URLフィルタリング

　ファイアウォールや専用サーバー、またはブラウザの機能として、URLフィルタリングが提供されます。たとえば未成年者に有害サイトを見せない、社内から倫理上好ましくないサイトにアクセスさせない、マルウェアがダウンロードされるなどの恐れのあるセキュリティ上リスクの高いサイトへのアクセスを遮断する、といった用途に利用されます。

 DMZ

　DMZとはDeMilitarized Zoneの略で、非武装地帯と訳せます。もともと軍事用語で、内部ネットワークと外部ネットワーク（インターネット）の中間に位置するネットワークです。外部ネットワークからもDMZ内の特定のサービスにアクセスできますが、DMZから内部ネットワークにアクセスすることは基本的にできません。

　Webサーバーなど、外部の利用者にも利用してほしいサービスをDMZに置きます。

　もし外部の利用者から攻撃を加えられても、内部ネットワークにまで被害が及ぶことはありません。

　内部、外部、DMZの各ネットワークはファイアウォールによって区切られます。

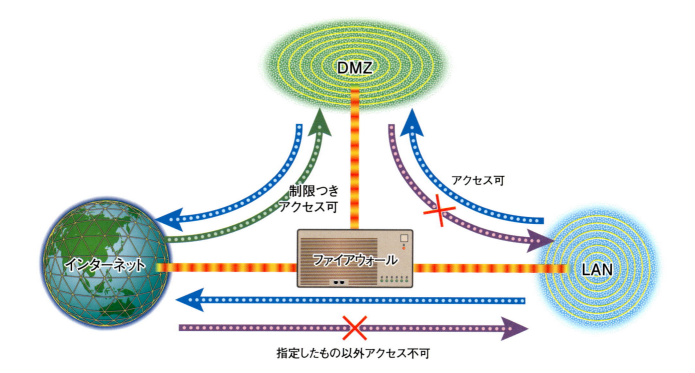

暗号のしくみ

公共のネットワークであるインターネット上で重要なデータをやりとりする場合、
他人に覗き見や改ざんをされないように、データを暗号化して送るのが有効です。
暗号化にもさまざまなしくみがあります。

● 暗号化

他人に通信内容を覗き見されないように、通信データを暗号化することは、セキュリティ上非常に有効です。

インターネットには不特定多数のユーザーがいて、ネットワーク内を流れるパケットは誰でも見ることができます。重要なデータは経済的価値があるため、そのようなデータを暗号化なしでインターネット上に流すのは、札束を見せびらかしながら繁華街を闊歩することと同じです。

● 復号

データを他人に見られないようにするため暗号化が行われますが、受信側では送信側から送られた暗号データを解読しなければなりません。暗号化されたデータをもとに戻すことを復号と呼びます。

● 暗号化が必要な通信区間

他人にデータを覗かれてしまう恐れのある通信区間では、暗号化を行う必要があります。

LAN内部では利用者は同じ組織の人なので、暗号化はほとんど必要ないでしょう。しかし、インターネットを利用して重要なデータをやりとりするときは、暗号化が必要になります。

企業の拠点間通信では、コスト削減のためインターネットを用いたVPNを利用する場合が多くなっています。この場合も、拠点間でIPsecを用いるなど暗号化を行います（107ページ参照）。

また無線を利用する場合、目に見えない電波でデータがやりとりされていて、誰でもその電波を拾うことができるので暗号化が必要と言えます。

暗号鍵を利用した暗号化

　暗号が行われていないデータのことを平文（ひらぶん）またはクリアテキストと呼びます。

　送信者が平文を暗号化する際、暗号鍵を利用します。暗号鍵は一定の長さを持ったデータで、非常に難しい数学を使って平文に計算処理を施します。

　受信者は復号鍵と呼ばれる鍵を使って暗号文を復号します。

　暗号鍵と復号鍵が同じである方式の暗号化を、共通鍵（秘密鍵）暗号方式と言います。また、暗号鍵と復号鍵が異なる暗号化方式もあり、これを公開鍵暗号方式と言います。

暗号化通信プロトコル

○ SSH

　UNIXで離れた場所にあるサーバーへネットワーク経由でリモートログインを行う際、その通信を暗号化するのに利用されるプロトコルをSSH（Secure Shell）と呼びます。Telnetの通信もSSHにより暗号化して行うことが可能です。

○ SSLとTLS

　SSLはSecure Socket Layerの略で、ネットスケープ社によって開発されたトランスポート層のデータ暗号化プロトコルです。主にWebサービスやFTPの暗号化に利用されます。

　SSLはバージョン2.0、バージョン3.0と改良されていきましたが、ＳＳＬバージョン３.０に修正を加えたものがＴＬＳ（Transport Layer Security）という名前でインターネット標準のプロトコルになりました。SSLを使ったWebサイトではブラウザに鍵のアイコンが表示され、URLのスキーマが"https:"と表現されます。HTTPSというのはHyper Text Transfer Protocol over SSLの略です。

　IPsecはネットワーク層の暗号化プロトコルですが、これらのプロトコルはトランスポート層以上で暗号化を行います。

● PKI

PKIはPublic Key Infrastructureの略で、データの盗聴や改ざんを防ぐため、公開鍵暗号技術や電子署名を使ってインターネット通信を行う環境のことです。ユーザーが利用する範囲に応じて、企業内LANなど閉じたネットワークで行う場合もあれば、政府が主導となって公共の基盤を構築する場合もあります。

PKIでは、ある送信者から送られたデータが、確かにその人が作成したものだというデータ認証を行うために、電子署名が使われます。これで他人にデータを改ざんされたか確認できます。

またデータの盗聴を防ぐために、公開鍵暗号技術が利用されます。公開鍵暗号技術では、暗号を行う秘密鍵と復号（解読）を行う公開鍵の、2種類の鍵を使います。

公開鍵と秘密鍵は、認証局と呼ばれるサーバーに依頼す

1. Aさんは、認証局に対し電子証明書の発行を申し込みます。申し込みには決まった書式が使われます。
2. 認証局は、電子証明書の発行申込者がAさんであるか、本人確認します。
3. 認証局は、電子証明書と公開鍵、秘密鍵をAさんに発行し送付します。

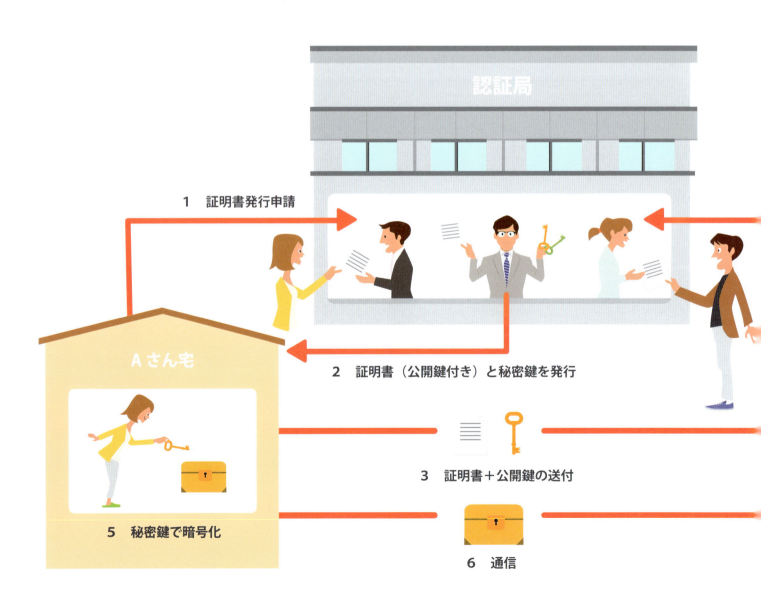

ると発行してもらえます。このとき、本人確認とともに電子証明書の発行が行われます。

つまり、大まかに言うと次のような流れになります。
このあと、Aさんと通信相手のBさんの間では

・Aさんの秘密鍵で暗号化された文書をBさんが公開鍵で復号する
・Bさんの公開鍵で暗号化された文書をAさんが秘密鍵で復号する

という処理が行われます。

階層ごとの暗号化

標準プロトコルではいくつかの暗号化があります。データリンク層では無線暗号化プロトコルであるWPAやIEEE802.11i、ネットワーク層ではIPsec、トランスポート層ではSSLやTLSなどです。

無線区間の暗号化は、ユーザーと無線LANアクセスポイントの間しか行われません。

IPsecを用いる場合、ユーザーのパソコンやルーターなど、IPsecの終端になる装置間で暗号化が行えます。

SSLやTLSを用いると、通信するユーザーとサーバーの間のすべての区間で暗号化が行えます。

暗号化を行うと、複雑な計算処理が必要となるため、平文を転送する場合と比べて通信機器の最大転送速度が低下します。そのため暗号化は、必要な区間で必要なプロトコルを利用するようにし、意味のない暗号化は行わないようにすると、通信速度の減速を避けることができます。

■上位の階層が暗号化されていれば、下位の階層は暗号化されてなくてもよい。
また、下位の階層の暗号化が必要な区間をカバーしていれば上位の階層は暗号化されてなくてもよい。

4　証明書を確認してもらう

Column 電子政府とセキュリティ

2001年のe-Japan重点計画により、電子政府が実施されるようになりました。電子政府とは、わかりやすく言えばインターネット上の役所や公共機関を実現するものです。これによって、たとえば役所や公共機関に出向かなくても、自宅や勤務先などからインターネット経由で行政手続きが行えます。具体的には、e-Taxで知られる国税電子申告・納税システムや、登記・供託オンライン申請システムなどがあります。電子政府に関する詳細はe-Gov（http://www.e-gov.go.jp）を参照してください。

電子政府の実現にあたって懸念されている問題の1つにセキュリティがありましたが、この対策にもPKI技術が採用されています。政府認証基盤は特に、GPKI（Government Public Key Infrastructure）と呼ばれます。

Chapter 6 ネットワークを安全に利用するために

認証のしくみ

企業の社員や団体の会員など、特定の権限を持った人だけにネットワークのアクセスを許可するときは、ユーザー名とパスワードを利用したユーザー認証が行われます。認証は、セキュリティを高めるための最も基本的なしくみです。

認証が必要なわけ

認証とは、ユーザー名とパスワードを使って、ネットワークを利用してもよい人かどうかを判断するしくみです。パスワードの代わりに証明書が利用される場合もあります。

認証を行わないと、誰でもネットワークやサーバー、パソコンなどに入ってくることができるので、重要なデータを盗まれてしまうことになります。

認証の種類

認証には、ネットワークへ入ることを確認するアクセス認証と、サービスを利用するための認証があります。

ネットワークのアクセス認証の例として、フレッツ光の常時接続があります。プロバイダと契約すると、PPPoE認証用のユーザーIDとパスワードが入手できます。この情報をブロードバンドルーターに設定すると、ルーターは局舎に置かれたPPPoEサーバーと認証を行い、認証が成功するとインターネットへの常時接続が行えるようになります。この場合、プロバイダと契約して料金を支払った人だけがネットワークにアクセスできます。

サービス利用の認証例として、Webのアクセス認証があります。Webのサービスでは、ディレクトリやファイル単位にユーザー名とパスワードを使って認証する機能があります。会員専用Webサイトでは、会員登録した人しかWebサイトにアクセスできなくなります。

LAN認証

WANでは、プロバイダがダイアルアップユーザーの認証を行う必要があったため、初期段階からユーザー認証のしくみや考え方が確立されていました。

LANの場合、無線LANの登場によってクライアントがアクセスポイントを経由して有線LANへアクセスする場合に認証の必要性が生まれました。同様に有線スイッチを経由したLANへのアクセスでも同じ手法が取れます。

さらに、LAN内部の特定のネットワークへは認証が成功したユーザーしかアクセスできないように、ルーター、ファイアウォール、プロキシなどで制御することもできます。これにより人事や経理などの情報へはその部署のユーザーしかアクセスできないようにすることができます。

LAN認証の規格

IEEE802.1xという規格では、LANへのアクセス認証を規定しています。LANスイッチのポートにユーザーのパソコンが接続されると、スイッチがパソコンにユーザー情報の提示を求めます。ユーザーがユーザー名とパスワード（または証明書）をスイッチに送ると、スイッチはその情報を、RADIUSサーバーへ転送します。RADIUSサーバーがユーザー情報

1　LANへのアクセス要求

をチェックして認証が成功すると、ユーザーはスイッチを経由してLANにアクセスすることができるようになります。ユーザーとRADIUS間の認証手法は、EAPという規格で標準化されていて、具体的な認証手順としていくつかの種類が利用されています。

🔴 無線認証

無線LANでは、ケーブルを抜き差しすることなくLANへアクセスすることができます。そのため社外のユーザーでも、知らないうちに社内LANへアクセスできてしまうこともありえます。

そのようなことを防ぐために、IEEE802.1xの認証技術を用いて無線LANへのアクセス認証を行います。この場合、スイッチの代わりに無線LANアクセスポイントが、ユーザー情報をRADIUSサーバーに中継します。

スイッチを用いたLAN認証と同様に、RADIUSサーバーがユーザー情報をチェックして、その情報が登録してあるものと一致していれば、無線LAN接続が確立されます。認証が失敗すると、無線LANアクセスポイントとの接続が切れてしまいます。

🔴 認証のプロトコル

○ RADIUS

RADIUSはRemote Authentication Dial In User Serviceの略で、ラディウスとかラディアスと発音します。インターネット標準のアクセス認証処理プロトコルで、ほとんどのプロバイダでユーザー認証を行う際に使われています。

RADIUSサーバーには、ユーザー名とパスワードの組み合わせがデータベースとして保存されていて、ユーザーがアクセス認証を行う際に渡す情報と照らしあわせます。

パスワードの確認だけでなく、特定のネットワーク機器を経由したユーザーしか認証しなかったり、課金情報用にアクセス記録を残したり、アクセスが成功したユーザーに対して特定の設定情報を送ったりすることもできます。

○ LDAP認証

LDAPはLightweight Directory Access Protocolの略で、エルダップと読まれます。LDAPはディレクトリと呼ばれる階層構造のデータベースにアクセスするプロトコルです。LDAPサーバーの中にディレクトリデータベースとしてユーザー情報が入っています。ユーザーが認証の必要なサーバーやネットワークにアクセスするとき、ユーザーからの認証要求をLDAPクライアント（Webサーバーや通信機器）が中継してLDAPサーバーとの間でやりとりを行います。LDAPサーバーとして有名なものにマイクロソフトのActive Directoryがあります。

○ ローカル認証

ネットワーク機器やサーバー内部に、ユーザー名とパスワードのペアを登録しておきます。ユーザーは機器内に登録された情報を使って認証されます。ローカル認証では認証専用サーバーの準備が不要となるため、簡単に運用できるという利点があります。小規模向けで、大規模なネットワークには適しません。

2 ID・パスワードの確認要求

3 アクセスの許可

無線LANのセキュリティ

無線LANでは目に見えない無線を利用するため、無線が届く範囲であれば、知らない人が無線LANにアクセスしてしまう恐れがあります。無線LANの利用はごく一般的になりましたが、利用者の低いセキュリティ意識が問題視されています。

ESSIDステルス

SSIDは、ビーコンによってアクセスポイントから定期的に発信されています。スマートフォンのWi-Fi設定をONにすると利用できる接続候補が出てきますが、これがSSIDです。

無線信号が到達する場所にいると誰でもビーコンを確認することができてしまい、アクセスポイントで認証の設定を行っていないと意図しないクライアントがSSIDを発見して接続してしまうこともできてしまいます。

このようなリスクを抑えるため、ビーコンの送出を行わないようにする機能をESSIDステルスと呼びます。

この場合、クライアントはSSIDの情報を管理者から入手し、自身で端末に設定する必要があります。「SSIDブロードキャストの無効化」や「Any拒否」といった呼び方もあります。

MACアドレスのフィルタリング

アクセスポイントに、アソシエーション可能なMACアドレスを設定しておくことで、設定されたMACアドレス以外でアクセスしてきた無線クライアントの接続を防ぐことができます。これをMACアドレスのフィルタリング、またはMACアドレス認証と呼びます。

無線LANの暗号鍵

無線は目に見えず、ケーブルを接続する動作も不要なため、知らない人が勝手にLANにアクセスしてしまう恐れがあります。そのため無線LANには、いくつかのセキュリティ機能が提供されています。その1つにWEPキーと呼ばれる暗

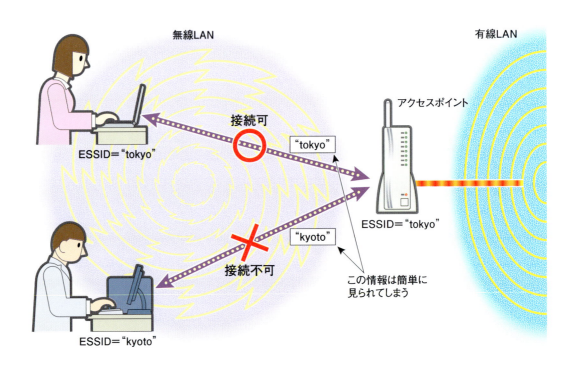

号鍵があります。

　クライアントカードとアクセスポイントにWEPキーを設定しておき、その鍵を使って無線区間でやりとりされるデータを暗号化します。WEPキーは2種類あり、40ビットか104ビットかを選んで設定します。設定された値と24ビットの値を組み合わせて、暗号鍵とします。しかし、暗号化されたデータを時間をかけて解析すると、鍵の値が解明されてしまうという弱点もあります。

無線LANの規格

　WEPキーは解析されてしまう危険があるため、新しいセキュリティが標準化されています。WPAやIEEE802.11iという規格では、次のような機能が提供されます。

- WEPキーを通信ごとに動的に変更する
- 通信データが改ざんされていないかチェックする
- AESと呼ばれるより強力な暗号化を利用する
- 証明書やパスワードを利用したユーザー認証を行う

　WPAはWi-Fi Protected Accessの略で、業界団体による無線LANのセキュリティ標準で、TKIPと呼ばれる方式でRC4暗号アルゴリズムを使用します。WPAより新しいWPA2ではCCMPと呼ばれる方式でAES暗号アルゴリズムを使用します。ＩＥＥＥ８０２．１１ｉは無線ＬＡＮの規格で、ＷＰＡ２はIEEE802.11iとの相互接続性を認定するものです。

無線クライアントの認証

　無線クライアントは、ESSIDによって通信を行うアクセスポイントを選択します。その後、ユーザー名とパスワードを使って、アクセスポイントの先にある有線LANへ、本当に接続してもよいかを確認します。このユーザー認証は8021xという規格をもとにしています。パスワードの他に証明書が使われる場合もあります。

公衆無線LANでのセキュリティ

　公衆無線LANではESSIDが指定される程度で、セキュリティはあまり考慮されていません。そのため公衆無線LANを利用して会社のLANにアクセスする場合は、107ページで紹介しているIPsecなどセキュリティ機能を利用し、大切なデータを無線区間で盗まれてしまうことを防ぐようにする必要があります。

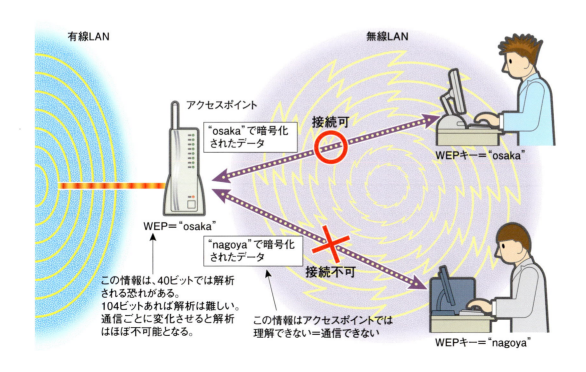

INDEX

■数字

1000BASE-T	65
100BASE-TX	65
10Base-2	36
10Base-5	36
10BASE-T	65
10ギガビットイーサネット	64
10進数	56, 72
16進数	56, 70
2進数	56, 72
2進法	11
404 Not Found	126
802.11シリーズ	32

■A〜C

ADSL	94
ADSLモデム	38, 96
AFP	45
Ajax	131
Android	42
AP	33
Apache	45, 117
APNIC	19
AppleTalk	45
ARPA	82
ARPANET	18, 82
ASCIIコード	61, 123
ASIC	27
ATM	102
Auto MDIX	30
B to B	49
B to C	49
BAS	96
BASE	65
Baseband	65
BGP	79
Blog	15, 132
BROAD	65
Broadband	65
Bチャネル	97
C to C	49
C++	130
C&Cサーバー	155
CALS	49
CALS/EC	49
CATV	97
ccTLD	90
CDDI	37
CERN HTTPd	117
CGI	130
CIFS	44
CIR	102
CPU	26, 43
CRC	63
CSMA/CA	66
CSMA/CD	64
CSNET	18, 82
CSS	129
C言語	130

■D〜F

DA	101
DDoS	153
DHCP	35, 73
die-ix	83
DMZ	159
DNS	91
DNSサーバーアドレス	35
DoS攻撃	153
DSI	101
DSLAM	96
DSU	97
Dチャネル	97
E1	101
E3	101
EAP	165
EDI	49
ESSID	33, 66, 166
ESSIDステルス	166
eコマース	49
FAXサービス	13
FDDI	37
Flash	135
Flash Player	135
Flash Video	135
FPGA	27
FTP	119, 138
FTPS	139
FTPサーバー	117
FTPソフト	45
FTTH	98
FTTx	99

■G〜I

GB	27
GIF	135
Google Chrome	125

GPKI 163
gTLD 90
H.323 141
HDD 26
HDDレコーダー 145
HDSL 95
HTML 125
HTMLファイル 126
HTMLメール 123
HTTP 117, 118, 124
HTTPS 117, 118
IaaS 113
IANA 19, 83
ICANN 19, 83
IDS 52
IEEE 21, 71
IEEE802.11 .... 32, 106
IEEE802.11i 167
IEEE802.16e 106
IEEE802.1x 164
IEEE802.3 .... 60, 64
IEEE802シリーズ 68
IETF 19, 21
IIS 117
IMAP 123
Internet 19
Internet Explorer 125
InternetDraft 21
InterNIC 19, 83
iOS 42
IoT 145
IP 68
iPod 136
IPsec 74, 103
IPsec-VPN 107
IPv4 74
IPv6 74
IPv6 over IPv4トンネル 75
IP-VPN 103
IPアドレス 35, 63, 72, 90
IPセントレックス 140
IPパケット 63
IPマスカレード 89
IP電話 140
ISDN 97
ISP 83, 84
iTunes 136
ITU-T勧告 135
IX 83

■J～N

JavaScript 129
JPEG 135
JPIX 83
JPNAP 83
JPNIC 19, 73, 83
JUNET 18
KDDI 13
LAN 16
LANケーブル 29
LAN利用ポリシー 52
LAN管理者 52
LAN認証 164
LDAP 165
LINE 15
Linux 42, 116
LTE 18, 104
M2M 145
Mac 42
MACアドレス 63, 70, 166
MB 27
MDI 30
MDI-X 30
MIME 123
MIMO 33
MMF 31
MNP 106
MobileIP 74
Mozilla Firefox 125
MP3 135
MPEG 135
MVNO 105
NAT 89
NCSA HTTPd 117
Netatalk 45
NFS 44
nfsd 45
NIC 19, 28, 83
NSFNET 18, 82
NSPIXP 83
NTT 13

■O～R

OLT 98
ONU 98
OS 42
OSI 58
OSI参照モデル 58

INDEX

OSPF	79
OUI	71
P2P	143
PaaS	113
PAT	89
PBX	140
PCM	135
Perl	130
PHP	131
PHS	9
PKI	162
PNG	135
POP	119, 122
POS	102
PPPoE	96
Python	131
QuickTime	137
RADIUS	156, 165
RADIUS サーバー	53
RAM	26
RealAudio	135
RealMedia	137
RFC	19, 21
RIP	79
RIPE-NCC	19
RJ-45	31
RMON プローブ	53
ROM	26
RSS	137
RTP	69, 141
Ruby	131

■S〜U

SaaS	113
Samba	45
SDSL	95
SFD	63
SFTP	139
Share	143
SIM カード	104
SIM フリー	105
SIM ロック	105
SIP	141
Skype	15, 143
SMF	31
SMTP	118, 122
SNMP	40, 52, 69
SNMP サーバー	53
SNS	15, 142

SSD	26
SSH	143, 161
SSID	33, 66, 166
SSL	118, 161
SSL-VPN	107
STP	30
Syslog	40, 53
Syslog サーバー	53
T1	101
T3	101
TACACS	165
TACACS+	165
TB	27
TCP	69
TCP/IP	68
TCP/IP プロトコル	19
Telnet	143
TFTP	117
The Internet	19
TLD	90
TLS	161
UDP	69
UNIX	42, 43, 82, 116
UPS	53
URL	124
URL フィルタリング	159
USB インターフェイス	47
USB ケーブル	47
USENET	18, 82
UTP	29, 30
UUCP	82

■V〜Y

VBScript	129
VDSL	95
VLAN	39
VLC メディアプレイヤー	137
VPN	103
VPN ゲートウェイ	92
VPN 集約装置	40, 107
WAN	17
Web サーバー	117
Web ブラウザ	125
Web プログラミング	128
Web ページ	124
Web メール	121, 123, 132
WEP キー	167
WIDE プロジェクト	83
Wi-Fi	33, 106

WiMAX	18
Windows	116
Windows Media	136
Windows Server	43
WMA	135
WPA	167
WWW	124
xDSL	95
Youtube	134

■あ行

アカウント	120
アクセス回線	84
アクセス権	45
アクセススイッチ	39
アクセス制限	156
アクセスポイント（プロバイダ）	84
アクセスポイント（無線）	33, 67, 165, 166
アクセスリスト	156
アクティブ	110
アスキーモード	139
アソシエーション	66
圧縮	139
圧縮方式	61
アップロード	139
アドレス変換	88
アナログ	56
アナログ専用線	100
アプリケーション	76
アプリケーション層	61, 68
アプリケーションプロトコル	118
暗号化	160
暗号鍵	161, 166
イーサネット	21, 64
イーサネットLAN	36
イーサネットフレーム	60, 63
イーサネットプロトコル	68
一次プロバイダ	85
糸電話	12
インクジェットプリンター	46
インスタントメッセージ	142
インターネット	18, 82
インターネットVPN	103
インターネット詐欺	149
インターネットサーバー	116
インターネットサービスプロバイダ	84
インターネット電話	140
インターフェイス	28
イントラネット	48

ウイルス	154
ウイルス対策ソフト	49, 154
ウェルノウンポート番号	77
エクストラネット	48
エラー検出	63
エラー通知	60
エラーメッセージ	126
エンコード	127
オーバフロー攻撃	153
オープンネットワーク	148
オクテット	57
押しボタンダイアル式	13
オペレーティングシステム	43
音楽	134
音響カプラ	14
音声圧縮	135
オンプレミス	112
オンライン	142
オンラインショップ	49

■か行

改ざん	151
カーナビ	145
回転ダイアル式	13
回線事業者	84, 86
解凍	139
開放型システム間相互接続	58
拡張子	45
画像圧縮	135
仮想移動体サービス事業者	105
仮想サーバー	50
仮想端末	143
仮想マシン	50
家庭用ゲーム機	144
カテゴリ	30
簡易FTP	117
記憶装置	27
ギガバイト	27
ギガビットイーサネット	64
キャッシュ	126
キャリア	86, 104
キャリアセンス	64
業界標準	21
共通鍵暗号方式	161
クライアント	42, 117
クライアントカード	33
クライアントサイドスクリプト	129
クライアントソフト	43
クライアントモジュール	33

171

INDEX

クラウド..112
クラウドサービス..112
クラス..72
クラッカー..149
クラッド..31
グラハム・ベル..12
クリアテキスト..161
クローズドネットワーク..148
グローバルIR..83
グローバルアドレス..88
クロスケーブル..30
掲示板.. 15, 131, 149
携帯電話...9, 104
携帯電話事業者..104
ゲートウェイ..16, 92
ゲートウェイアドレス..35
ケーブルテレビ..18, 97
検索エンジン..132
コア..31
コアスイッチ..39
広域イーサネットサービス......................................17
広域ネットワーク..17
公開鍵暗号方式..161
公共事業支援統合情報システム..............................49
公衆無線LAN... 33, 167
高速デジタル加入者線..95
高速デジタル専用線..101
高速パケット通信..104
高速モバイルデータ通信サービス........................106
広帯域接続..94
構内交換機..140
構内通信網..16
コーデック..135
コールドスタンバイ..110
国際電信電話株式会社..13
コネクション..60, 69
コマンドプロンプト..35
固有番号..70
コリジョンデテクション....................................64, 66
コンピュータウイルス....................................151, 154
コンピュータ通信..13
コンピュータネットワーク......................................14

■さ行

サーバー..24, 42
サーバー仮想化..50
サーバーサイドスクリプト....................................129
サーバーファーム..40
再帰処理..91

サブネット..60
サブネットマスク..72
サミュエル・モールス..10
シーケンス番号..62, 69
辞書攻撃..157
システムダウン..151
ジャム信号..65
ジャンクメール..149
修正ソフトウェア..156
集線ノード..36
主記憶装置..26
小規模LAN..38
冗長構成..110
冗長符号..63
情報..56
情報家電..145
商用インターネット接続サービス..........................82
ショッピング..15
シングルモード..31
信号検出..64
侵入..152
侵入検知システム..49
スイッチ..24
スイッチングハブ.................................... 16, 24, 29
スカイプ...15, 143
スキーム..125
スクリプト言語..128
スター型..36
スタティックNAT..89
スタティックルーティング......................................79
スタンバイ..110
ステータスコード..126
ステートフルパケットフィルタリング................159
ステートフルフェイルオーバー............................111
ストリーミング..134
ストレートケーブル..30
スパイウェア..155
スパニングツリー..111
スパムメール..149
スプリッター..96
スマートフォン..24
脆弱性..157
性善説..148
静的NAT..89
セキュリティ管理ソフト..157
セキュリティホール..156
セキュリティポリシー..52
セグメント..62, 69
セッション..61

項目	ページ
セッション層	61
ゼロデイ攻撃	157
全二重通信	65
専用線	100
ソーシャルネットワーキングサービス	15, 142
ソフトウェア処理	26
ソフトバンク	13

■た行

項目	ページ
ターミナルアダプタ	97
ダイアルアップ接続	87
第一種通信事業者	86
対称型デジタル加入者線	95
ダイナミックHTML	129
ダイナミックNAT	89
ダイナミックルーティング	79
第二種通信事業者	86
ダウンロード	139
タブレット	24
短点	11
端末ノード	36
地上デジタル放送	144
チャット	15, 131
チャネル	102
中央処理装置	26
中規模LAN	39
超高速デジタル加入者線	95
長点	11
ツイストペアケーブル	29, 30
通信	8
通信事業者	17, 86
通話アプリ	141
出会い系サイト	149
ディストリビューションスイッチ	40
データ	56
データセンター	50
データ通信カード	33, 105
データ通信サービス	104
データ部	62
データベース	132
データリンク層	60
テザリング	107
デジタル	56
デジタル家電	145
デジタル専用線	101
デジタルデータ	56
デスクトップ仮想化	51
手旗信号	8
デファクトスタンダード	21
デフォルトゲートウェイ	35, 92
デュアルスタックホスト	75
テラバイト	27
電子商取引	49
電子証明書	162
電信	9, 10
伝送媒体	24
転送モード	138
添付ファイル	121, 154
電報	9
電話	9, 12
電話網	13
動画	134
動画圧縮	135
同軸ケーブル	31
盗聴	150, 153
動的NAT	89
トールバイパス	140
匿名FTP	139
ドットインパクトプリンター	46
トップレベルドメイン	90
トナー	46
トポロジ	36
ドメイン名	90
ドライバ	34
ドライブバイダウンロード攻撃	153
トラップ	52
トラフィック	53
トラフィックバースト	109
トランスポート層	60
トレイラ	63
トロイの木馬	153

■な行

項目	ページ
名前解決	91
なりすまし	152
ニコニコ動画	134
二次プロバイダ	85
日本電信電話公社	13
認証	164
ネームサーバー	91
ネットサーフィン	117
ネットワーク	14
ネットワークアドレス変換	89
ネットワークインターフェイス層	68
ネットワーク仮想化	51
ネットワーク層	60
ネットワーク部	72
ネットワークプリンター	46

INDEX

ノイズ 56
ノード 24

■は行

バースト 109
ハードウェア処理 26
ハードディスク 26, 43
パーミッション 45
排他共有 45
バイト 57
バイナリモード 139
ハイパーテキスト 118
ハイパーリンク 124
バグ 52
パケット 25, 62
パケットフィルタリング 158
バス 36
パス 139
バス型 36, 64
パスワード 85, 157
発煙筒 8
ハッカー 149
バックボーン 85
パッチ 52, 156
バッファ 153
ハブ 29
ハブアンドスポーク型 36
パブリッククラウド 112
パラレルケーブル 46
パラレルポート 46
パルス 13
半二重通信 65
ビーコン 66, 166
ピアツーピア 37
光加入者回線 17
光ケーブル 31
光ファイバー 31
飛脚 9
非対称デジタル加入線 94
ビット 57
ビットストリーム 62
ビット毎秒 25
ビデオ会議 141
非同期処理 131
非同期転送モード 102
標的型攻撃 155
平文 161
ファーストイーサネット 64
ファーストワンマイル 98

ファイアウォール 49, 158
ファイル 45
ファイル共有 44
ファイル共有サービス 139
ファイル共有ソフト 143
ファイルサーバー 44
ファイル転送 138
負荷分散 111
復号 160
復号鍵 161
輻輳 108
輻輳制御 60
不正侵入 150
ブックマーク 127
プッシュボタン 13
プッシュホン 13
物理層 60
プライベートアドレス 74, 88
プライベートクラウド 113
ブラウザ 117
フラグメント 63
フラッシュメモリ 27
プリアンブル 63
ブリッジ 93
プリンター 46
プリンター共有機能 47
プリントサーバー 47
ブレード 43
ブレード型サーバー 43
フレーム 25, 60, 63
フレームチェックシーケンス 63
フレームリレー 102
プレゼンテーション層 61
フロー制御 60
ブロードキャストアドレス 71
ブロードバンド 94
ブロードバンドアクセスサーバー 96
ブロードバンド回線 84
ブロードバンドルーター 38
プロキシサーバー 126
ブログ 15, 132
プロトコル 20
プロバイダ 83, 84
分配スイッチ 40
ペイロード 25, 63
ベストエフォート 109
ヘッダ 25, 62
ベルの電話 12
ベンダコード 70

174

項目	ページ
ボイスゲートウェイ	92
ポイントツーポイント型	37
ポイントツーマルチポイント型	37
傍受	150
ポート	28
ポート番号	62, 76
ホームページ	117, 124
ポケットベル	9
ホスト	72
ホストIDS	155
ホスト部	72
ポッドキャスト	136
ホットスタンバイ	110
ホットスポット	33
ポップアップブロック	127
ボディランゲージ	8
ボトルネック	109

■ま行

項目	ページ
マザーボード	27
マルウェア	155, 157
マルチアクセス	64
マルチチャネル技術	33
マルチメディアデータ	134
マルチモード	31
水飲み場攻撃	153
無線LAN	32, 66, 166
無線LANアクセスポイント	106
無線LANアダプタ	28
無線LANステーション	33
無線電信	9
無停電電源システム	53
迷惑メール	149
メーラー	120
メーリングリスト	15
メール	15
メールアドレス	120
メールサーバー	116, 120
メールソフト	120
メールボックス	120
メガバイト	27
メガビット毎秒	17
メディア	24
メディアアクセスコントロール	70
メディアコンバータ	98
メモリ	26, 43
モールス信号	10
文字コード	61, 127
文字化け	61, 127

項目	ページ
モジュール	28
モデム	13
モバイルWiMAXサービス	106
モバイルアクセス	105
モバイルデバイス	104
モバイルルーター	106

■や・ら・わ行

項目	ページ
優先転送	108
ユーザID	85
郵便	9
撚り対線	30
ライブストリーミング	134
ライン	15
ラストワンマイル	98
ラックキャビネット	41
ラックマウント型サーバー	43
ランサムウェア	155
リアルタイム性	69
リクエスト	117
リピーター	93
リピーターハブ	29
リモートアクセスIPsec-VPN	107
リモートログイン	143
リンク	24
リング型	37
ルーター	16, 29, 72, 93
ルーティング	78
ルーティングテーブル	78
ルートサーバー	91
ループ	111
レイヤ3スイッチ	86, 93
レーザープリンター	46
レジストラ	90
漏洩	151
ローカルDNSサーバー	91
ローカルアドレス	88
ローカル認証	165
ロードバランサ	41
ログ	52, 156
論理アドレス	72
ワード	57

■著者プロフィール

三輪 賢一（みわ けんいち）

1997年岐阜高専電子制御工学科卒。外資系ネットワークセキュリティベンダーでプリセールス、テクニカルマーケティングエンジニア、SEマネージャーとして15年以上従事。主な著書に「プロのための［図解］ネットワーク機器入門」、「TCP/IPネットワークステップアップラーニング」、「Palo Alto Networks構築実践ガイド」（いずれも技術評論社）がある。

カバー・本文イラスト●小川智矢
テクニカルイラスト●大石誠
カバー・本文デザイン●坂本真一郎（クオルデザイン）
DTP●技術評論社 制作業務部

本書に関するご質問については、本書に記載されている内容に関するもののみとさせていただきます。電話によるご質問は一切受け付けておりません。FAXまたは郵送にて、書名と該当ページ、返信先を明記の上、下記宛先までお送りください。

【宛先】
〒162-0846　東京都新宿区市谷左内町21-13
株式会社技術評論社　書籍編集部
『かんたんネットワーク入門　改訂3版』質問係
FAX：03-3513-6183

なお、ご質問の際に記載いただいた個人情報は質問の返答以外の目的には使用いたしません。また、質問の返答後は速やかに破棄させていただきます。

かんたんネットワーク入門　改訂3版

2004年10月 1 日　初　版　第1刷発行
2016年 9 月15日　第3版　第1刷発行

著者　　　三輪 賢一
発行者　　片岡 巌
発行所　　株式会社技術評論社
　　　　　東京都新宿区市谷左内町21-13
　　　　　電話　03-3513-6150　販売促進部
　　　　　電話　03-3513-6166　書籍編集部
印刷／製本　大日本印刷株式会社

定価はカバーに表示してあります。

本文の一部または全部を著作権法の定める範囲を越え、無断で複写、テープ化、ファイルに落とすことを禁じます。

造本には細心の注意を払っておりますが、万一、乱丁（ページの乱れ）や落丁（ページの抜け）がございましたら、小社販売促進部までお送りください。送料小社負担にてお取り替えいたします。

© 2016　ウエルシス株式会社
ISBN978-4-7741-8190-5 C3055
Printed in Japan